ZEITSCHRIFT FÜR MIKROELEKTRONIK · COMPUTERTECHNIK · INFORMATIK

# MP

Heft 2 · 1990

## Mikroprozessortechnik

VEB Verlag Technik Berlin
ISSN 0232-2892

# Meßwerterfassung heute

# Neue Rechnerfamilie VAX 9000 vorgestellt

*Mit der neuen Computerfamilie VAX 9000 will DEC nun auch in den Markt der Großrechner eindringen.*

Die Fa. Digital Equipment Corporation (DEC) hat Ende Oktober 1989 eine neue Familie von VAX-Rechnern, die Serie 9000, vorgestellt. Die Systeme sind die bisher leistungsfähigsten des Unternehmens und erreichen je nach Anzahl der Prozessoren die 30- bis 117fache Leistung einer VAX-11/780, des weltweit ersten 32-Bit-Kleinrechners.

Ein Prozessorelement hat somit eine Leistung von über 30 MIPS (Millionen Befehle pro Sekunde). Neu ist auch, daß jedes Prozessorelement noch über einen Vektorprozessor verfügt, der eine Verarbeitungsleistung von 125 MFLOPS (Millionen Gleitkommaoperationen pro Sekunde) erreicht. Maximal kann das System aus vier Prozessorelementen mit vier Vektorprozessoren bestehen.

Der Hauptspeicher, in dem 1-MBit-Chips eingesetzt werden, kann aus zwei Moduln zu je 256 MByte bestehen. Mit dem Übergang auf den 4-MBit-Chip erweitert sich die Kapazität des physischen Hauptspeichers auf 2 GByte.

Das Ein- und Ausgabesystem besteht aus max. 4 Hochleistungsbussystemen XMI (ca. 100 MByte/s). Der XMI-Bus war mit der Serie VAX 6000 als rechnerinterner Hauptbus bereits vor ca. 2 Jahren eingeführt worden. Bei vier Bussystemen beträgt die maximale Datentransferrate 320 MByte/s. An den XMI können analog der VAX 6000 VAXBI-Adapter DWMBA eingesetzt werden, die den von DEC vor vier Jahren eingeführten VAXBI-Bus (10 MByte/s) herausführen. Damit ist die ganze Palette von peripheren Geräten verfügbar, die für die VAX-Systeme der Serien 6000 und 8000 entwickelt wurden. Insgesamt sind bei 4 XMIs bis zu 14 VAXBI-Bussysteme möglich.

Weiterhin wurden neue Adapter bzw. Controller zum unmittelbaren Anschluß an den XMI vorgestellt, die es gestatten werden, die volle E/A-Transferrate auszuschöpfen.

Mit dem neuen KDM70-Speichercontroller können Hochleistungsmagnetplatten, optische Speichersysteme und eine Platte aus dynamischen Speicherschaltkreisen (Solid State Disk) bedient werden. Zur Erhöhung der Leistungsfähigkeit eines VAXclusters wurde ein neuer intelligenter Computer-Interconnect-Adapter CIXCD angekündigt, der auch die beiden redundant ausgelegten Leitungen des CI-Interfaces für die Datenübertragung nutzt. Damit wird die Netto-Transferrate gegenüber bisher eingesetzten Adaptern auf das Vierfache gesteigert. Auch auf dem Gebiet der Netzwerkkommunikation gibt es eine Innovation. Der neue Ethernet-Adapter DEC LANcontroller 400 für die Serie VAX 9000, der die Ethernet-Bandbreite von 10 MBit/s fast vollständig ausschöpfen kann, ist auf der Basis eines eigenen VAX-Chips in CMOS-Technik hergestellt. Der vorgestellte Vektorprozessor realisiert 63 Vektorbefehle, die eine Erweiterung des VAX-Befehlssatzes darstellen. Dadurch bleibt die bisher bewährte Kompatibilität innerhalb der gesamten VAX-Familie erhalten. Auf den Systemen ohne Vektorprozessor werden die Vektorbefehle vom Betriebssystem VAX/VMS emuliert. Damit können Anwendungen, die die Vektorbefehle nutzen, auf jedem beliebigen VAX-Rechner abgearbeitet werden. Ein weiterer Vorteil besteht auch darin, daß solche Anwendungen auf jeder VAX-Workstation entwickelt und getestet werden können.

Zur Unterstützung des Vektorprozessors ist eine neue Version des VAX-FORTRAN-Compilers angekündigt, der automatisch eine Vektorisierung innerhalb eines Programms vornimmt. Dieser Compiler kann Programme zur effektiven Abarbeitung in einem Multiprozessorsystem auch automatisch parallelisieren. Durch die Vektorisierung der Daten und Verwenden des Vektorprozessors kann je nach Anwendung eine 3- bis 40fache Geschwindigkeitssteigerung erreicht werden. Typische Anwendungen sind die Signalverarbeitung, Wettervorhersagen, seismische Analysen, Finite-Elemente-Analysen usw., aber auch ökonomische Anwendungen, in denen vielfach Vektoren eingesetzt werden. Die technologische Basis der neuen VAX-Systeme ist die ECL-Technik (Emitter Coupled Logic). Die Chips weisen eine Fläche von 2,6 $cm^2$ mit ca. 10 000 Gattern auf. Die Schaltzeit beträgt ca. 200 Picosekunden und die interne Taktrate 500 MHz.

Der grundlegende technologische Fortschritt wurde durch die Entwicklung einer Multi-Chip-Unit-Technologie (MCU) erreicht. Die Chips werden dabei auf einen besonderen Träger, den High Density Signal Carrier (HDSC), aus Polyamid mit Kupferleiterzügen aufgebracht. Die Leiterzüge haben eine Breite von ca. 0,03 mm. Der HDSC kann auf einer Fläche von ca. 32 $cm^2$ bis zu 72 Chips aufnehmen. Die HDSCs werden durch die MCU gekapselt. Damit sorgt die MCU für mechanische Stabilität und die für die ECL-Technologie kritische Wärmeableitung. Die quadratische MCU hat insgesamt 804 Pins.

Für die Realisierung der Rechnermoduln wird ein Leiterkartenformat von 60 × 60 $cm^2$ gewählt, auf dem bis zu 16 MCUs montiert werden können. Eine solche Leiterkarte bildet einen kompletten Prozessor der neuen VAX-9000-Serie inklusive des Vektor-Prozessors.

Durch die Weiterentwicklung der Multi-Chip-Packungstechnologie konnten die Signallaufzeiten zwischen den Chips entscheidend verkürzt und damit die hohen Prozessorleistungen erreicht werden. Laut Aussage von Dr. Robert M. Glorioso, Vizepräsident für Hochleistungssysteme der Mutterfirma in den USA, hat DEC damit eine Führungsrolle in der Welt übernommen. Die Fa. DEC habe im vergangenen Geschäftsjahr mehr als 1,5 Mrd. Dollar, das heißt 12 % des Umsatzes, in Forschung und Entwicklung investiert.

Die Preise der neuen Systeme variieren zwischen 2,7 Mio DM für das Einstiegsmodell VAX 9000 Modell 210 und 12 Mio DM für das mit vier Skalar- und vier Vektorprozessoren ausgerüstete System VAX 9000 Modell 440. Das Modell 210 wird ab dem zweiten Quartal 1990 ausgeliefert. Die Modelle 410, 420 und 440 werden im dritten Quartal folgen. Vorerst wird nur das Betriebssystem VAX/VMS angeboten. Bis Jahresende 1990 soll für die neuen Systeme auch das Betriebssystem ULTRIX, das DEC-Betriebssystem auf der Basis der POSIX-Standards bzw. des UNIX-Industriestandards, angeboten werden.

*Prof. Dr. Th. H*

*Als technischen Durchbruch in der Halbleiterfertigung sieht DEC die neue Art der Multi-Chip-Packung, mit der die Leitungswege so verkürzt werden, daß im Vergleich zur konventionellen Leiterplattentechnologie eine Verdoppelung der Computerleistung erzielt werden kann. Es ergeben sich bis zu 30mal höhere Packungsdichten. In der neuen Großrechnerfamilie VAX 9000 wird diese Technologie erstmals eingesetzt (Bild unten).*

Zeitschrift für Mikroelektronik · Computertechnik · Informatik
4. Jahrgang · ISSN 0232–2892

Mikroprozessortechnik, Heft 2 · 90

**Herausgeber** Kammer der Technik, Fachverband Elektrotechnik

**Verlag** VEB Verlag Technik, Oranienburger Str. 13/14, DDR – 1020 Berlin; Telegrammadresse: Technikverlag Berlin; Telefon: 28700, Telex: 011 2228 techn dd

**Verlagsdirektor** Klaus Hieronimus

**Redaktion** Hans Weiß, Verantwortlicher Redakteur (Tel. 2870371); Redakteure: Herbert Hemke (Tel. 2870203), Hans-Joachim Hill (Tel. 2870209); Sekretariat Tel. 2870381

**Gestaltung** Christina Bauer

**Titel** Tatjana Stephanowitz



**Lizenz-Nr.** 1710 des Presse- und Informationsdienstes der Regierung der DDR.

**Gesamtherstellung** Druckerei Märkische Volksstimme Potsdam



**Redaktionsschluß** 11. Dezember 1989

**AN (EDV)** 49837

**Erscheinungsweise** monatlich 1 Heft

**Heftpreis** 5,– M, Abonnementspreis vierteljährlich 15,– M; Auslandspreise sind den Zeitschriftenkatalogen des Außenhandelsbetriebes BUCHEXPORT zu entnehmen.

**Bezugsmöglichkeiten**
*DDR:* sämtliche Postämter; *SVR Albanien:* Direktorije Quendrore e Perhapjes dhe Propaganditit te Librit Rruga Konference e Pezës, Tirana; *VR Bulgarien:* Direkzia R.E.P., 11a, Rue Paris, Sofia; *VR China:* China National Publications Import and Export Corporation, West Europe Department, P.O. Box 88, Beijing; *ČSSR:* PNS – Ustřední Expedicia a Dovoz Tísku Praha, Slezská 11, 12000 Praha 2, PNS, Ústredna Expedicia a Dovoz Tlače, Pošta 022, 885 47 Bratislava; *SFR Jugoslawien:* Jugoslovenska Knjiga, Terazija 27, Beograd; Izdavačko Knjižarsko Produzeće MLADOST, Ilica 30, Zagreb; *Koreanische DVR:* CHULPANMUL Korea Publications Export & Import Corporation, Pyongyang; *Republik Kuba:* Empresa de Comercio Exterior de Publicaciones, O'Reilly No. 407, Ciudad Habana; *Republik Polen:* C.K.P.i.W. Ruch, Towarowa 28, 00-958 Warszawa; *Rumänien:* D.E.P. Bucureşti, Piaţa Scînteii, Bucureşti; *UdSSR:* Sämtliche Abteilungen von Sojuzpečat' oder Postämter und Postkontore; *Republik Ungarn:* P.K.H.I., Külföldi Elöfizetési Osztály, P.O. Box 16, 1426 Budapest; *SR Vietnam:* XUNHASABA, 32, Hai Ba Trung, Há Nôi; *BRD und Berlin (West): ESKABE Kommissions-Grossobuchhandlung, Postfach 36, 8222 Ruhpolding/Obb.; Helios-Literatur-Vertriebs-GmbH, Eichborndamm 141–167, Berlin (West) 52; Kunst und Wissen Erich Bieber OHG, Postfach 46, 7000 Stuttgart 1; Gebrüder Petermann, BUCH + ZEITUNG INTERNATIONAL, Kurfürstenstraße 111, Berlin (West) 30; Österreich:* Helios-Literatur-Vertriebs-GmbH & Co. KG, Industriestraße B 13, 2345 Brunn am Gebirge; *Schweiz:* Verlagsauslieferung Wissenschaft der Freihofer AG, Weinbergstr. 109, 8033 Zürich; *Alle anderen Länder:* örtlicher Fachbuchhandel; BUCHEXPORT Volkseigener Außenhandelsbetrieb der Deutschen Demokratischen Republik, Postfach 160, DDR – 7010 Leipzig und Leipzig Book Service, Talstraße 29, DDR – 7010 Leipzig

**Zum Titelbild**

In Magdeburg findet am 27. und 28. März 1990 die Fachtagung „Mikrorechner und ASICs in der Meß- und Automatisierungstechnik" statt. Es wird ein breites Spektrum aktueller technischer Resultate vorgestellt. Wir haben für Sie die auf einen breiten Leserkreis zugeschnittenen Fassungen von zwei Hauptvorträgen in dieses Heft aufgenommen.
Der Beitrag „Mikroelektronik und Meßwerterfassung" auf der **Seite 35** – auf den auch unser Titelbild Bezug nimmt – stellt die Haupttendenzen bei der Meßwerterfassung, insbesondere unter Einsatz von anwendungsspezifischen Schaltkreisen, dar.

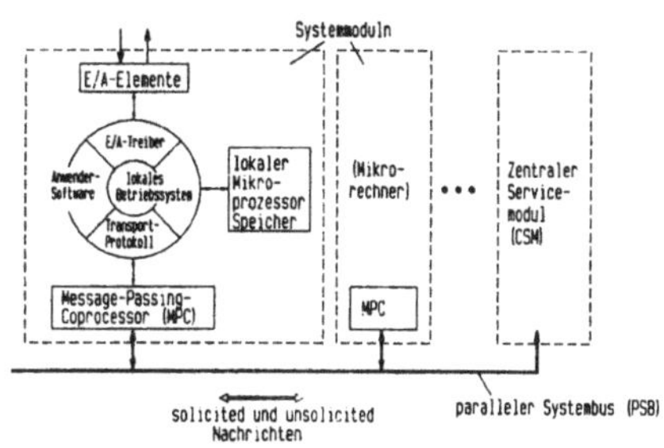


Einen Vergleich von Bussystemen und ihre Perspektiven – mit dem Schwerpunkt auf den Bussystemen für Multiprozessoranordnungen – vermittelt der Beitrag auf der **Seite 39**.

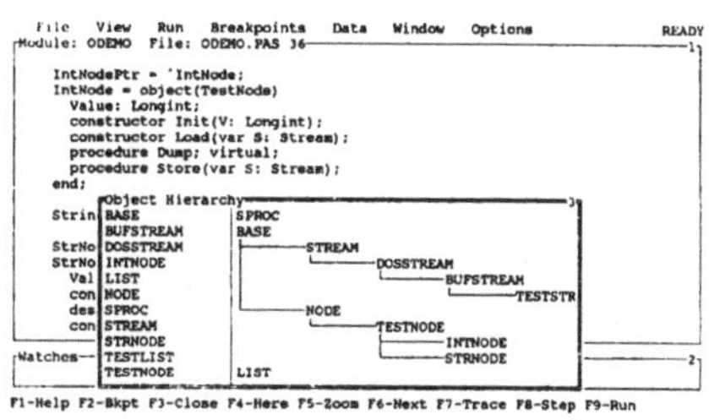


Kurz nach der Markteinführung der Version 5.0 zeigt sich jetzt Turbo-Pascal 5.5 auch objektorientiert. Einige Möglichkeiten dieser erweiterten Programmiersprache werden in dem Beitrag zum neuen Compiler von Borland auf der **Seite 44** an praktischen Beispielen erläutert.

**Vorschau**

Für unser Heft 3/1990 bereiten wir für Sie Beiträge zu folgenden Themen vor:
- Clipper
- Systemprogrammierung in Modula-2
- Die serielle Schnittstelle unter DOS

## Inhalt

*Liebe Leserinnen und Leser!*

Unsere Medienlandschaft scheint von tektonischen Beben erschüttert. Vieles ist ins Wanken geraten, etliches bereits eingestürzt. Fast nichts ist heute, im Dezember 1989, noch so, wie es vor dem Oktober war. (Die Herstellzeit der MP ist allerdings noch die gleiche; deshalb wird wohl auch der Schnee, der bis jetzt noch gar nicht gefallen ist, schon wieder geschmolzen sein, wenn Sie dieses Heft in die Hände bekommen.) Die Kollegen des ADN haben mit ihren vehementen Forderungen nach Erlaubnis zu eigenverantwortlicher, ungeschönter, sachlicher Berichterstattung zur Wende beigetragen. Die Mitarbeiter der Aktuellen Kamera entschuldigten sich öffentlich für den Stil ihrer bisherigen Beiträge und zeigen jetzt, daß sie es auch anders können. Und was die Veränderungen in der Tagespresse angeht, so sprechen diese für sich.

***Die MP-Redaktion: Hans Weiß, Verantwortlicher Redakteur, Herbert Hemke und Hans-Joachim Hill, Redakteure, und – last but not least – unsere neue redaktionelle Mitarbeiterin Hannelore Kulik***

Hier drängt sich natürlich die Frage nach Konsequenzen für die Fachpresse und demnach auch für die MP auf. Würden wir als zuverlässiges Barometer für unsere Arbeit lediglich die Leserresonanz ansehen, müßten wir zufrieden sein: Die Auflage unserer Zeitschrift liegt seit jeher stabil bei weit über 50000 Exemplaren, ein Beweis für Ihre Treue zur Zeitschrift, und der Anteil kritischer Leserpost ist so gering wie nie zuvor. Vielleicht ist dies ein Zeichen dafür, daß wir die Frage: Was nützt dem Leser wirklich? nicht erst nach der Wende stellen (können), sondern von Beginn an permanent stellten. Dadurch konnten viele nützliche Hinweise von Ihnen die Profilierung der MP bewirken. Erinnert sei nur an die nach Leserdiskussionen vorgenommene Reduzierung von Beiträgen mit vordergründiger Selbstdarstellung einer Leistung oder Produktwerbung. Oder an die Tatsache, daß wir bei der Annahme – und noch wichtiger: Ablehnung – von Beiträgen den Nutzen für einen bestimmten Hersteller nicht generell mit dem Nutzen für die Leser gleichsetzten, sondern versuchten, verantwortungsbewußt unter gesamtvolkswirtschaftlichen Gesichtspunkten abzuwägen. Demzufolge orientierten wir uns nicht an einer gewünschten oder vorgetäuschten, sondern an der materiell-technischen Basis, die unsere Leser in der Wirklichkeit vorfanden. Dabei wird es natürlich auch bleiben. Darüber hinaus glauben wir aber, daß unter den veränderten Bedingungen in unserem Lande durchaus weitere Verbesserungen notwendig und möglich sind.

Über diese Möglichkeiten und Pläne wollen wir Sie an dieser Stelle kurz informieren, so wie wir es in den jeweiligen Februarheften der letzten Jahre im Dialog mit Ihnen getan haben. Übrigens: Ist auch Ihnen bewußt, daß wir bereits auf drei Jahrgänge der MP zurückblicken können? Wir haben in der Redaktion dieses kleine Jubiläum zum Anlaß für eine Rückschau genommen, um auch daraus Schlußfolgerungen zu ziehen. Außerdem meinen wir, daß Sie nun doch einmal Gelegenheit erhalten sollten, die Mannschaft der MP kennenzulernen und liefern Ihnen daher auf dieser Seite unsere Konterfeis.

Was kann, was soll sich nun ändern? Beispielsweise die Rubrik Informationen. Hier waren und sind wir weitgehend auf Meldungen der Nachrichtenagentur ADN angewiesen, zu der ich eingangs schon etwas sagte. Dabei muß aber auch bedacht werden, daß der Wille zu objektiver Berichterstattung nur eine Seite der Medaille ist. Die andere zeigt sich in dem, was den Journalisten des ADN und der übrigen Presse in den Betrieben „vorgeführt" wird. So wird es hoffentlich in Zukunft möglich, aber nicht mehr nötig sein, Schönfärberei in Erfolgsmeldungen zu beseitigen. Andernfalls werden wir auf diese „Informationen" verzichten. In dieser Hinsicht setzen wir auch große Hoffnungen in das erwartete Mediengesetz.

Das Gesagte gilt in hohem Maße auch für die anderen Beiträge. Eine wissenschaftlich-technische Fachzeitschrift kann immer nur Mittler zwischen den Autoren und den Lesern sein, da die überwiegende Mehrzahl der Manuskripte von Fachleuten außerhalb der Redaktion verfaßt wird. Das zeigt, daß die Qualität der Fachzeitschrift vor allem von der Bereitschaft ihrer Leser zur Mitarbeit als Autoren geprägt wird, zumindest, so lange freie Fachjournalisten mit einem Gespür für leserfreundliche Aufbereitung von Fachwissen in unserem Lande (noch?) rar sind. Vielleicht können also auch Sie, der Sie Leser der MP sind, selbst als Autor zur Qualifizierung Ihrer Fachkollegen beitragen? Der Redaktion obliegt es, in Zusammenarbeit mit dem ehrenamtlichen Redaktionsbeirat, den Autoren und Lesern, die „richtigen" Manuskripte zu beschaffen und auszuwählen.

Im Heft 2/1989 hatten wir unsere Meinung zum Profil der MP ausführlich dargelegt. Dennoch gibt es bei einigen Lesern Vorstellungen, denen wir gegenwärtig leider nicht entsprechen können. So wird das Profil natürlich auch wesentlich von Faktoren wie Seitenzahl und Manuskriptangebot bestimmt. Und diese zwangen uns, zugunsten unserer Hauptlesergruppe – Hard- und Softwareentwickler – bereits seit Anfang 1988 Einschränkungen bei wissenschaftlich-theoretischen Beiträgen einerseits und bei der Kleincomputerthematik andererseits vorzunehmen. Deshalb will ich die Ausführungen zum Charakter der MP hier noch einmal kurz zusammenfassen:

- Die MP ist eine wissenschaftlich-technische Fachzeitschrift, die vor allem einen berufsmäßig vorgebildeten Leserkreis in seiner praktischen Tätigkeit unterstützt.
- Angesprochen werden alle ingenieurtechnischen Mitarbeiter, die auf dem Gebiet der Mikroelektronik, Computertechnik und Informatik tätig sind.
- Die MP informiert demzufolge über die spezifischen Bauelemente der Computertechnik und deren Applikationen, über Entwicklungen auf dem Computersektor, etwa zu gleichen Teilen Hardware und Software, sowie zukunftsorientierend zu Fragen der Informatik.

Erreichen wollen wir das mit einem ausgewogenen Verhältnis von Fachaufsätzen, Überblicksbeiträgen und informativen Rubriken. An Themen stehen dabei demnächst folgende auf der Tagesordnung:

- dBase-Compiler Clipper im Überblick
- das 32-Bit-Mikroprozessorsystem U 80700
- der 32-Bit-Rechner K 1820
- Mikrocontroller.

Darüber hinaus die Komplexe lokale Netze, Leiterplattenentwurf am PC, Applikationserfahrungen mit den Prozessorsystemen 80286 und U 80600, Signalprozessoren.

Es scheint uns im Sinne der Mehrzahl unserer Leser zu sein, wenn wir versuchen, die bewährten Rubriken wie Börse, Entwicklungen und Tendenzen, Messeberichte, Technik international usw. nicht einzuschränken, sondern nach Möglichkeit noch zu erweitern.

An dieser Stelle noch zwei kurze Bemerkungen zur Rubrik Börse. Zum einen wollen wir nochmals darauf hinweisen, daß wir im Interesse einer hohen Aktualität Angebote nur veröffentlichen, sofern sie nicht auch in einer anderen Zeitschrift erscheinen. Zum anderen machten uns Leser auf vermutlich unseriöse Softwareangebote aufmerksam und schlugen vor, vom Anbieter eine Erklärung zur Rechtsmängelfreiheit zu verlangen. Die Redaktion hält dies für einen kaum wirksamen zusätzlichen Aufwand; man sollte davon ausgehen, daß sich jeder, der unrechtmäßig Software zum Verkauf anbietet, über die Konsequenzen klar ist, die sich daraus für ihn ergeben können.

Auch Ihnen wird es sicher nicht entgangen sein: Unsere Presselandschaft wird gegenwärtig unübersehbar um eine neue Facette bereichert – Anzeigen aus dem westlichen Ausland. Auch wir haben über diese neue Möglichkeit nachgedacht, meinen aber, daß wir in Anbetracht des bescheidenen Umfanges der MP keine Seiten für Anzeigen opfern sollten. Vorbehaltlich allerdings, solange nicht geregelt ist, daß sich die Anzeigenerlöse zugunsten unserer Leser direkt oder zumindest erkennbar in einer Qualitätserhöhung der Zeitschrift niederschlagen. Aber auch hierbei werden wir unsere Entscheidung anhand des Leserechos ständig überprüfen und bitten Sie daher um Ihre Meinung.

Abschließend möchte ich Sie schon auf ein kleines Bonbon neugierig machen, das Sie ab Heft 4/1990 erwartet: Im Zuge wachsender Kooperationsmöglichkeiten haben wir als „Start" in diese Richtung mit der anerkannten BRD-Fachzeitschrift *c't – Magazin für Computertechnik* eine Vereinbarung getroffen, die es uns erlaubt, Beiträge aus der c't künftig für die MP zu übernehmen. Nicht weil es vielleicht Mode ist, sondern weil wir uns davon eine Bereicherung der MP versprechen, die für viele von Ihnen von Nutzen sein wird. Denn auch für den grenzüberschreitenden Austausch von Fachwissen sollte sich besonders eine Computerzeitschrift mehr denn je offenhalten, meint Ihr

Hans Weiß

Hans Weiß

# Mikroelektronik und Meßwerterfassung

**Prof. Dr. Manfred Seifart, Magdeburg**

Die Leistungssteigerung integrierter Schaltkreise in Verbindung mit der intensiven Weiterentwicklung der Software bewirkt gegenwärtig und in den nächsten Jahren einen tiefgreifenden Wandel in der Meß- und Automatisierungstechnik. Für die Meßwerterfassung sind folgende Haupttendenzen erkennbar:

① weitere Beschleunigung des Übergangs zur dezentralen prozeßnahen Meßwerterfassung und Aufgabenverteilung in zu automatisierenden Prozessen; Hauptbestandteile dieser dezentralen Systeme sind intelligente Module zur Meßgrößenerfassung und zur Prozeßbeeinflussung (Prozeßkoppelmodule /1/, /2/, /3/), ein einfacher Feldbus /4/, /5/ und eine Zentrale (meist PC), die das System steuert und die Verarbeitung und die Ausgabe der Meßwerte übernimmt und ggf. die Kopplung zu anderen Systembestandteilen gewährleistet.

② Der Anteil von Geräten mit eigener „Intelligenz", die über serielle Busse gekoppelt und gesteuert werden können, wird stark zunehmen. Solche Einheiten sind nicht nur wesentlich leistungsfähiger und flexibler einsetzbar als frühere Gerätelösungen, sondern sie verfügen auch über immer leistungsfähigere und wirkungsvollere Eigenschaften wie Selbstkalibrierung, umfangreiche Datenvorverarbeitung, Fernsteuerbarkeit und Kommunikationsfähigkeit mit nahezu beliebigen Geräten und Rechnern (Vernetzung ganzer Systeme). Auch fehlertolerante Systeme und der Einsatz von Expertensystemen werden zunehmend eine größere Rolle spielen.

③ Der PC wird infolge seiner rasch wachsenden Leistungsfähigkeit, sinkender Preise und zunehmend leistungsfähigerer Software sowohl für den CAD-Entwurf von ASICs, Baugruppen und Systemen der Meßwerterfassung als auch zur direkten Lösung von Meß-, Steuer- und Regelaufgaben große Bedeutung erlangen. Es erfolgt eine Verdrängung der klassischen, speziellen Meßgeräte durch „virtuelle Instrumente".

Drei Konzeptionen des PC-Einsatzes in der Meßtechnik lassen sich unterscheiden:

– dezentrale Meßwerterfassung/Automatisierungssysteme mit räumlich verteilten (typisch 10–50) Prozeßkoppelmodulen, mit digitalen Meßumformern oder intelligenten Sensoren bzw. Sensoren mit serieller Schnittstelle, die über einen Feldbus oder einen Sensorbus (meist verdrillte Zweidrahtleitung) mit einer Zentrale kommunizieren, wobei die Entfernung zwischen den Prozeßkoppelmodulen untereinander und zur Zentrale mehrere 100 oder über 1000 Meter betragen kann

– sogenannte PC-Meßgeräte ohne eigene Bedien-, Anzeige- und Auswertefunktionen, bei denen ein leistungsfähiger PC – meist über die IEC-Bus-Schnittstelle gekoppelt – diese Funktionen für mehrere unterschiedliche PC-Meßgeräte (Meßteil der eigentlichen Meßanordnung) übernimmt und eine Darstellung „virtueller" Frontplatten auf dem PC-Bildschirm erfolgt (Tafel 1) /6/

– Einsteckleiterkarten mit leistungsfähiger Hard- und Software zur Prozeßkopplung bzw. Meßwerterfassung; sie haben international bereits eine beachtliche Leistungsfähigkeit erreicht. Beispiel: Datenerfassungs- und Datenanalyseleiterkarte der Firma Datalog (DAP-Serie); unter Einsatz des 16-Bit-Prozessors 80186 werden 150 000 Messungen/s mit 16-Bit-Auflösung erreicht; die Leiterkarte beinhaltet einen 512-KByte-Datenspeicher und ein Echtzeitbetriebssystem sowie mehrere vordefinierte Meßwertverarbeitungsprogramme im ROM. Die PC-XT/AT-kompatible Leiterkarte ermöglicht eine hundertfach schnellere Datenverarbeitung als sie mit dem PC allein möglich wäre.

④ verstärkter Einsatz von ASICs vor allem für Steuerfunktionen in der Meßwerterfassung und als Sensor-Interfaceelektronik /7/.

Nachfolgend wird der Trend zur dezentralen prozeßnahen Meßwerterfassung und zum Einsatz von ASICs an vier Beispielen aus den Forschungsarbeiten des Wissenschaftsbereiches Prozeßmeßtechnik der Technischen Universität Magdeburg verdeutlicht.

**Tafel 1 Aufgabenverteilung bei PC-Meßgeräten**

| PC-Meßgeräte | |
|---|---|
| • Meßwerterfassung | • AD-Umsetzung |
| • Statusinformation | • Stimulierung des Prüflings |
| **Personalcomputer** | |
| • Parametrierung (Meßgeräte, Meßplätze) | |
| • Abspeichern von Parametersätzen (Diskette, Festplatte) | |
| • Steuerung der Messungen, Triggerung | |
| • Meßgerätebedienung; grafische Darstellung der Bedien- und Anzeigeelemente auf Bildschirm | |
| • Abspeichern von Meßergebnissen in Dateien, Ausgabe auf PC-Peripherie | |
| • Signalverarbeitung, komplexe Weiterverarbeitung, Auswertung der Meßergebnisse | |
| • Formatieren von Datensätzen, Weiterverarbeitung mit Standardprogrammen der Meßwertverarbeitung | |

## Programmierbarer Prozeßkoppelmodul PPM 02

Die unter anderem im Energiekombinat Rostock erfolgreich erprobten und im Rahmen eines Meßwerterfassungs- und Automatisierungssystems eingesetzten Prozeßkoppelmodule mit Einchipmikrorechner PPM 01 /1/ lassen sich sowohl für Meß- als auch für Steuer- und Zählaufgaben, zur Grenzwertüberwachung, Regelung u. a. m. verwenden. Sie verfügen über einen galvanisch getrennten Feldbusanschluß, über den die Kommunikation in beiden Richtungen erfolgt. Bis zu 128 PPMs lassen sich räumlich an beliebiger Stelle an eine einfache, verdrillte Zweidrahtleitung anschließen. Die Systemsteuerung übernimmt ein PC.

Nachdem sich der Typ PPM 01 im industriellen Einsatz gut bewährt hat und inzwischen in die Serienproduktion (Energiekombinat Gera) übergeleitet wurde, ist gegenwärtig die Überleitung der weiterentwickelten Variante PPM 02 (Bild 1) im Energiekombinat Rostock im Gange. Der PPM 02 zeichnet sich vor allem durch Sensorsignalverarbeitung, erweiterte Speicherkapazität und ein verbessertes Softwarekonzept aus. Er verfügt über 6 Sen-

Am 25. März diesen Jahres feiert der Autor dieses Beitrages, Prof. Dr. sc. techn. Manfred Seifart, seinen 60. Geburtstag.

In der Zeit von 1951 bis 1956 studierte er an der Technischen Universität Dresden Hochfrequenztechnik. Danach arbeitete er 13 Jahre mit hohem Engagement im Wissenschaftlichen Industriebetrieb VEB Vakutronik Dresden (heute VEB Robotron Meßelektronik „Otto Schön") auf dem Gebiet der Entwicklung kernphysikalischer und elektronischer Meßgeräte. Von seiner Funktion als Entwicklungsleiter erfolgte im Jahre 1969 die Berufung zum Ordentlichen Professor an die damalige Technische Hochschule Magdeburg auf den Lehrstuhl „Elektronische Bauelemente und Schaltungstechnik". Seit 1984 ist er Leiter des Wissenschaftsbereiches Prozeßmeßtechnik in der Sektion Automatisierungstechnik und Elektrotechnik.

Die von Prof. Seifart an der Technischen Universität Magdeburg eigenständig begründete Forschungslinie beinhaltet den Schaltungsentwurf von Geräten zur industriellen Meßwerterfassung mittels Mikrorechnern. Dabei erzielte er bemerkenswerte, national und international anerkannte Ergebnisse bei der Entwicklung von neuartigen Analog-Digital- und Digital-Analog-Umsetzern, von Analogwerterfassungseinheiten für Mikrorechner sowie von mikrorechnergestützten Meßwerterfassungssystemen für die Prozeßmeßtechnik.

Besonders engagiert sich Prof. Seifart für den Entwurf von Schaltkreisen in der Gate-Array-Technik. Die Arbeiten zur Anwendung kundenspezifischer Schaltkreise beeinflußten stark das Profil der Sektion und haben wesentlichen Einfluß auf den Einsatz der Mikroelektronik im Schwermaschinen- und Anlagenbau. Seine wissenschaftliche Ausstrahlungskraft hat er durch über 150 Fachartikel und Vorträge im In- und Ausland unter Beweis gestellt. Mehr als 20 Patente unterstreichen die volkswirtschaftliche Bedeutung seiner Forschungsergebnisse. Die von Prof. Seifart überzeugend vertretene Lehrauffassung einer betont anwendungsorientierten Ausbildung der Studenten hat ihren Niederschlag unter anderem in seinen beiden umfangreichen Lehrbüchern über analoge und digitale Schaltungstechnik gefunden, die im VEB Verlag Technik und in mehreren Lizenzausgaben des Hüthig-Verlages erschienen sind.

Prof. Seifart gehört seit über 20 Jahren zu den hervorragenden Hochschullehrerpersönlichkeiten der Technischen Universität „Otto von Guericke" Magdeburg. So bewährte er sich 7 Jahre als Stellvertreter des Sektionsdirektors für Erziehung, Aus- und Weiterbildung und leistete dabei eine verantwortungsbewußte erzieherische Arbeit. Prof. Seifart ist Vorstandsmitglied der wissenschaftlichen Sektion „Computertechnik" der KDT und hat als Leiter des Fachausschusses „Mikroprozessor-Interface-Systeme" wesentlich zum breiten Erfahrungsaustausch auf diesem Gebiet beigetragen. Als Mitglied des Redaktionsbeirates der Fachzeitschrift „Mikroprozessortechnik" leistete er bei ihrer Profilierung einen großen Beitrag.

Als Wissenschaftler und Hochschullehrer gilt sein besonderes Interesse der Herausbildung des wissenschaftlichen Nachwuchses. Viele ehemalige Doktoranden sind heute in verantwortungsvollen Funktionen in Einrichtungen unseres Landes tätig.

Prof. Seifart, der mit viel Weitsicht und Umsicht die Entwicklung seines Fachgebiets maßgeblich gefördert hat, ist weit über die Grenzen der Technischen Universität Magdeburg hinaus anerkannt, geschätzt und geachtet. In seiner Aufrichtigkeit und Liebenswürdigkeit ist er vielen ein Beispiel.

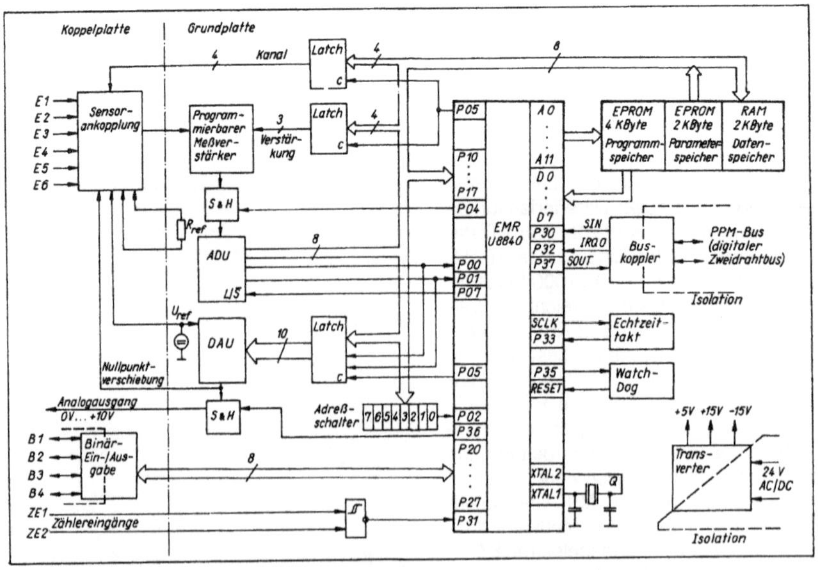


**Bild 1 Blockschaltbild Prozeßkoppelmodul PPM 02**

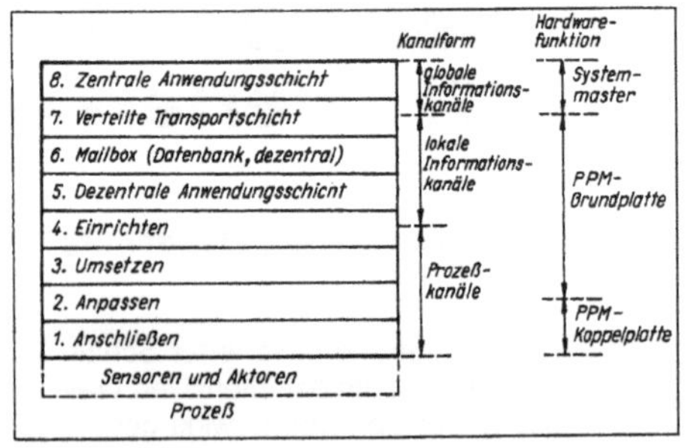


**Bild 2 Schichtenmodell der dezentralen Meßdatenverarbeitung mit PPM**

soreingangskanäle, 2 Zähleingänge, 4 (8) binäre Ein-/Ausgänge, 1 erweiterbaren Analogausgang sowie den galvanisch getrennten Feldbusanschluß und die galvanisch getrennte Betriebsspannungszuführung (24 V≂).

Die Sensorsignale werden in einem programmierbaren Meßverstärker, der in eine automatische Meßkette einbezogen ist, verstärkt. Mit einem 10-Bit-DAU (Digital-Analog-Umsetzer) ist der Meßbereichsanfang verschiebbar, so daß ein gewünschter Meßbereichsausschnitt mit der vollen Auflösung des 10-Bit-ADUs (Analog-Digital-Umsetzer) digital weiterverarbeitet werden kann. Zusätzlich erfolgt ein automatischer Offsetabgleich. Eine am Eingang verfügbare Stromquelle wird zur Speisung passiver Sensoren mit in das Abgleichregime einbezogen. Das beim PPM 01 bewährte Konzept der konstruktiven Unterteilung in eine Grund- und eine Koppelplatte wurde beibehalten.

Die räumliche Nachbarschaft zwischen den Sensoren bzw. Aktoren und dem Einchipmikrorechner hat zahlreiche Vorteile: Sie ermöglicht unter anderem die automatische Nullpunkt- und Vollausschlagkorrektur, die Überwachung der Eingangsschaltung und gegebenenfalls die Fehlerkorrektur sowie eine sehr zuverlässige, hochgenaue Signalübertragung über große Entfernungen. Weiterhin gestattet sie mit weitgehend einheitlicher Hardware eine Vielzahl unterschiedlicher Konfigurationen ausschließlich durch Softwareanpassung.

### Softwarekonzept

Der Trend zur dezentralen Meßwerterfassung hat zur Folge, daß der Aufwand für die Softwareentwicklung stark ansteigt. Der PPM-Anwender möchte verständlicherweise vermeiden, sich in das detaillierte Hard- und Softwarekonzept des PPM einarbeiten zu müssen. Unter diesen Gesichtspunkten wurden Überlegungen zur Softwaregestaltung des PPM 02 angestellt. Es zeigte sich, daß die Signalverarbeitung zwischen dem Sensor/Aktuator und dem Applikationsprogramm des Anwenders in Analogie zum OSI-Schichtenmodell der Kommunikationstechnik in 8 Schichten mit klar definierten Interfaces zwischen den verschiedenen Softwarekomponenten unterteilt werden kann /8/ (Bild 2). Als Ergebnis einer Analyse der Informationsflüsse und Operationen wurden drei Kanaltypen definiert: Die globalen Informationskanäle sind nur für den Programmierer von zentralen Applikationsprogrammen interessant. Die lokalen Informationskanäle dienen dem Programmierer dezentraler Programme, und schließlich sind die Prozeßkanäle nur für den Programmierer von Firmware des PPMs von Interesse. Jedem Kanaltyp sind typische Softwarekomponenten zugeordnet. Am unteren Ende des Schichtenmodells befinden sich die reellen Prozeßkanäle. Die darüberliegenden Schichten lassen sich wie folgt charakterisieren:

*Schicht 8*

Applikationsprogramme

*Schicht 7*

Protokollsoftware Master/PPM (teilweise); Umwandlung lokaler in globale Kanäle

*Schicht 6*

Mailbox repräsentiert das Interface zum seriellen Bus; alle für das zentrale Anwenderprogramm benötigten Informationen sind verfügbar; Master greift nur auf die Mailbox zu.

*Schicht 5*

Dezentrale Anwenderprogramme (Kombinieren mehrerer Prozeßkanäle; Softwarefilterung, Grenzwertüberwachung; Einschreiben in die Mailbox u. a.)

*Schicht 4*

Einrichten der umgesetzten Signale in der Anwendungsschicht (Skalieren, Normieren, Offsetberechnung, Linearisieren u. a.)

*Schicht 3*

Umsetzen (ADU, DAU, Zählen, Zeitintervallbestimmung, ADU-Steuerung u. a.)

*Schicht 2*

Anpassen der Sensorsignale an den ADU-Eingang (Verstärken, Begrenzen, Meßbereichsgrenzen, I → U- bzw. R → U-Wandlung)

*Schicht 1*

Anschließen der Sensoren an die Koppelleiterkarte des PPM (Verkabelung, Torauswahl)

### Gate-Array mit seriellem Busanschluß für die Meßwerterfassung

Zur Ankopplung von Sensoren an einen Feldbus ist ein erheblicher Schaltungsaufwand nötig, so daß der Einsatz anwendungsspezifischer Schaltkreise sehr erwünscht ist. Allerdings werden neben umfangreichen digitalen Schaltungen auch hochpräzise Analogschaltungen benötigt, so daß deren komplette Realisierung in einem CMOS-Gate-Array gegenwärtig noch mit einer Reihe von Problemen behaftet ist. Das im Bild 3 gezeigte Gate-Array verdeutlicht, daß es durchaus möglich ist, mit einem ausschließlich für digitale Schaltungen konzipierten Gate-Array-System relativ niedriger Komplexität (U 5200) einen Sensor-Interfaceschaltkreis mit seriellem Busanschluß herzustellen, der einen 12-Bit-ADU (Digitalteil) beinhaltet, eine 2-Byte-CRC-Datensicherung ermöglicht, in drei unterschiedlichen Betriebsarten (stand alone, non stop, Einchipmikrorechnerkopplung) einsetzbar ist und mit einer einzigen Betriebsspannung von 5 V auskommt.

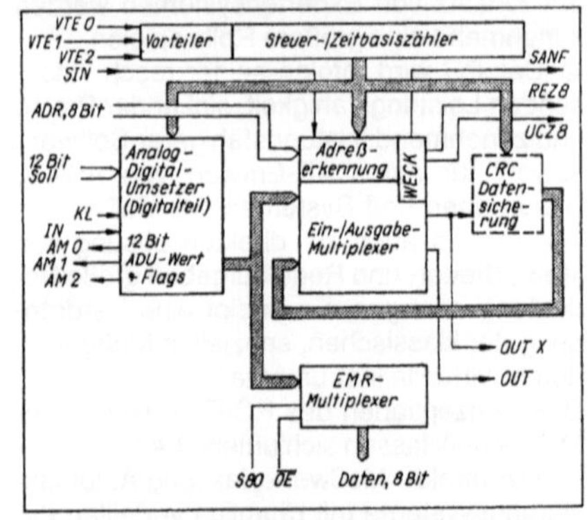


**Bild 3 Blockschaltbild des Meßwerterfassungs-Gate-Array-Schaltkreises**

### Grobstruktur

Der Meßwerterfassungsschaltkreis besteht aus den drei Schaltungsgruppen Steuerzähler mit 5-Bit-Vorteiler, ADU und Interfaceschaltungen (Bild 3). Um die relativ geringe Anzahl verfügbarer Flipflops maximal auszunutzen, gestattet der 14-Bit-Steuerzähler zwei weitgehend unabhängige Funktionen. Er bildet den 12-Bit-Zeitbasiszähler für den integrierenden ADU und generiert die erforderlichen Steuersignale für den synchronen Ablauf aller wesentlichen Schaltungsfunktionen. Diese Doppelfunktion erfordert eine zeitliche Synchronisation des gesendeten Busprotokolls mit den drei aufeinanderfolgenden ADU-Zyklen Offset-, Meßwert- und Endwertzyklus (je eine getrennte 12-Bit-Umsetzung).

## ADU

Durch eine neuartige Schaltungsvariante beim verwendeten Charge-balancing-ADU konnte der Anteil analoger Schaltungsstrukturen extrem reduziert werden, so daß im einfachsten Fall nur 3 bis 4 externe Bauelemente angeschlossen werden müssen. Der Eingangssignalbereich beträgt $U_e = 0 \ldots 5$ ($\pm 2{,}5$) V bzw. $I_e = 0 \ldots 100$ ($\pm 50$) $\mu$A.

Der ADU stellt die komplexeste Teilschaltung des Schaltkreises dar (50 % der Chipfläche). Er beruht auf dem Ladungsausgleichsverfahren /9/. Das hat unter anderem den großen Vorteil, daß dieses Verfahren mit einem hohen Anteil digitaler Schaltungsgruppen aufgebaut werden kann und sich deshalb gut für hohe Integrationsstufen wie VLSI eignet. Als Ergebniszähler wird ein 12-Bit-Vor-/Rückwärtszähler mit komplexer Ansteuerelektronik verwendet. Die Ansteuerelektronik erfüllt folgende Aufgaben: Zykluskodierung, Übertragsauswertung und Zählrichtungsumschaltung, Sollwert- und Kennlinieneinstellung, Parallelladesteuerung für den Ergebniszähler, Registerladesteuerung, Zeitbasisauswertung sowie Flagauswertung. Diese relativ komplexe Ansteuerung ist erforderlich, da die Möglichkeit gegeben ist, das analoge Eingangssignal wahlweise an einer bipolaren oder an einer unipolaren Kennlinie umzusetzen und periodisch ein Offset- und ein Endwertabgleich erfolgt. Das in der Offsetphase ermittelte Zählergebnis wird zu Beginn des Meßwertzyklus als Voreinstellwert in den Ergebniszähler geladen und durch Umschalten seiner Zählrichtung vom Endergebnis subtrahiert. Der Endwert läßt sich beim hier verwendeten Umsetzverfahren besonders einfach durch Voreinstellung des Teilerverhältnisses abgleichen. Als externe Bauelemente werden für den ADU im einfachsten Fall lediglich ein Integrationskondensator und zwei Präzisionswiderstände sowie bei höheren Genauigkeitsanforderungen zusätzlich ein Referenzelement und ein Multiplexer benötigt.

## Busprotokoll

Zur Kommunikation auf dem Feldbus wurden die Bustopologie, ein zentrales Zugriffsverfahren (Polling) und die Basisbandübertragung im NRZ-Kode gewählt. Jedem Meßwerterfassungsschaltkreis wird vom Anwender eine 8-Bit-Adresse zugeordnet, die mit DIL-Schaltern eingestellt werden kann und die der Schaltkreis bei der Buskommunikation selbst erkennt. Die Datensicherung erfolgt durch ein 2-Byte-CRC-Verfahren mit dem Nennerpolynom $x^{16} + x^{12} + x^5 + x$. Das in der Betriebsart *stand alone* gesendete Busprotokoll zeigt Bild 4.

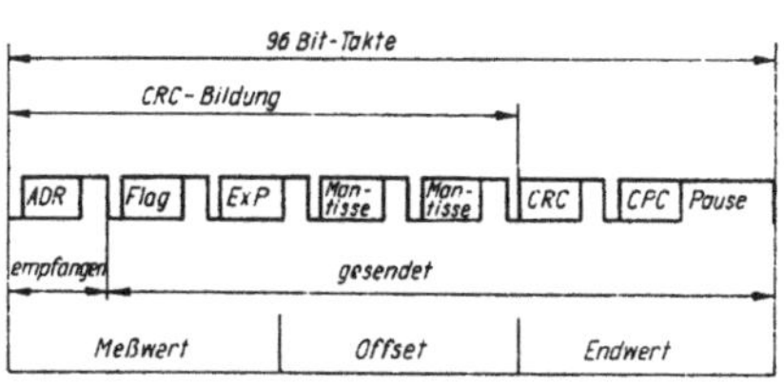


***Bild 4** Busprotokoll in der Hauptbetriebsart „Stand alone"*

## Anwendungsbeispiele

Bild 5 zeigt die einfachste Möglichkeit des Anschlusses mehrerer Schaltkreise an einen seriellen Bus (Hauptbetriebsart stand alone). Der Eingang SIN liegt ständig am Feldbus. Das nach einer Pause von ≧ 15 H-Pegeln auf dem Bus eintreffende erste L-Bit wird als Startbit des Adreßbytes gewertet, und es erfolgt ein Adressenvergleich. Im Hintergrund laufen ständig zeitlich nacheinander die drei oben genannten ADU-Zyklen ab. Unmittelbar nach erkannter Startflanke wird der gerade in Arbeit befindliche Zyklus unterbrochen, und es beginnt sofort die Umsetzung des aktuellen Meßwertes. Falls der Schaltkreis adressiert wurde, wird ein Busprotokoll nach Bild 4 gesendet. In der Regel werden die Gate-Arrays galvanisch getrennt (mit Optokoppler oder Übertrager) an den Bus angekoppelt. Wegen der geringen Leistungsaufnahme des Arrays besteht die Möglichkeit, mit einem Übertrager sowohl die Information als auch die Hilfsenergie zu übertragen.

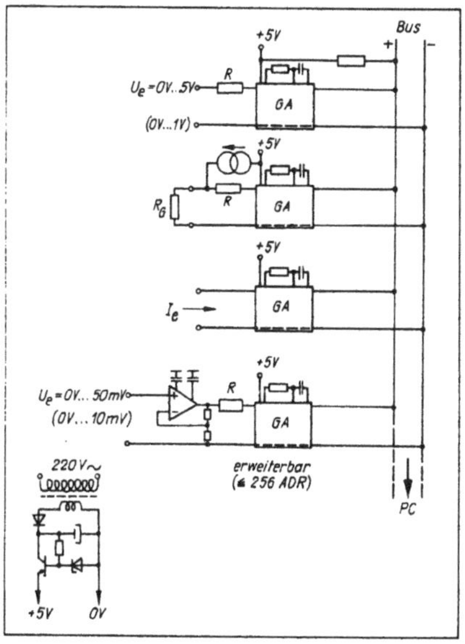


***Bild 5** Einfachste Zusammenschaltung mehrerer Meßwerterfassungs-Gate-Arrays*

Mehrkanalige programmierbare Meßwerterfassungs- und Prozeßkoppelmodule lassen sich konfigurieren, indem der Meßwerterfassungsschaltkreis zusammen mit einem Einchipmikrorechner betrieben wird. Der Schaltkreis übernimmt neben der AD-Umsetzung die Pausen- und Adreßerkennung auf dem Bus. Die ADU-Daten und 4 Flagbits werden byteweise einem Eingangstor des Einchipmikrorechners (U 884) zugeführt. Zusätzlich erzeugt der Schaltkreis bei gültiger Adresse zwei Wecksignale, die verwendet werden können, um den Einchipmikrorechner vom Standby- in den aktiven Betrieb umzuschalten. Dadurch besteht die Möglichkeit, in einem Meßwerterfassungssystem gleichzeitig nur wenige oder nur einen PPM zu aktivieren und alle übrigen in den Schlafzustand mit stark verringerter Leistungsaufnahme zu versetzen. Das bietet die Möglichkeit der gleichzeitigen Informations- und Hilfsenergieübertragung über den Bus.

## Feldbuskoppler-Schaltkreis für Profibus

Große Bedeutung hat der Einsatz hochintegrierter Schaltkreise zur Schaffung einer standardisierten bzw. einheitlichen Feldbusschnittstelle. Einen ersten Schritt stellt der gegenwärtig in der Musterpräparation befindliche Feldbuskoppler-Gate-Array-Schaltkreis (U 5200) dar, der die beiden Schichten 1 und 2 des Profibus-Protokolls unterstützt. Er enthält die vier Hauptblöcke UART, Controllerblock, Speicher-Interface und Betriebsmodussteuerung. Der Schaltkreis übernimmt das Senden und das Empfangen des Protokolls, wobei eine Adressen- und Datenübertragungsfehlerbehandlung erfolgt. Die parallele Datenschnittstelle zum angeschlossenen Prozessor bildet ein RAM U 6516, der durch Steuerschaltungen, die sich im Gate-Array befinden, dualportfähig ist. Bild 6 erläutert die Funktionsabdeckung des Schaltkreises im Gesamtsystem.

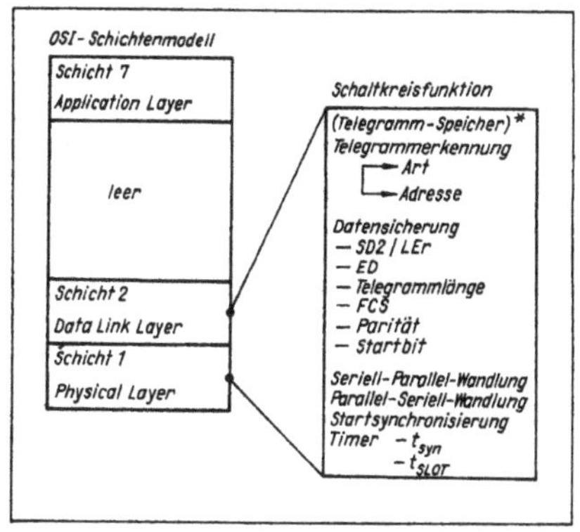


***Bild 6** Funktionsabdeckung des Buskoppler-Schaltkreises im Gesamtsystem*

## Hochauflösende ADUs

Die seit Jahrzehnten verbreitete „klassische" Architektur von Mehrkanal-Analogwerterfassungssystemen mit typisch 8 bzw. 16 Eingangskanälen verwendet einen Analogmultiplexer im Eingangskreis, der jeweils einen Eingangskanal über einen programmierbaren Instrumentationsverstärker an den ADU-Eingang (typisch 12 Bit) schaltet. Die Leistungssteigerung integrierter Schaltkreise wird in den nächsten Jahren die Schaffung neuer Strukturen mit neuen Qualitäten ermöglichen, beispielsweise den Einsatz hochauflösender 16-Bit-ADUs in jedem Meßkanal, wodurch die galvanische Trennung jedes einzelnen Kanals bei vertretbarem Aufwand ermöglicht wird und darüber hinaus Analogmultiplexer, Instrumentations- bzw. Trennverstärker entfallen oder stark vereinfacht werden können. Verständlicherweise stellt die Entwicklung hochauflösender ADUs, die zusammen mit komplexen, leistungsfähigen Digitalschaltungen auf einem VLSI-Chip integriert werden, eine große Herausforderung für den Schaltungs- und Systementwickler dar. Erste Ergebnisse auf diesem Gebiet zeigen, daß Kombinationsverfahren, die auf dem Prinzip integrierender Umsetzer basieren, dieses Ziel in naher Zukunft erreichbar erscheinen lassen (Charge-balancing-Dual-Slope-Kombinationsverfahren / Mehrschritt-Charge-balancing-Verfahren / Deltasigma-Oversampling-Verfahren).

## Trends bei der Software

Durch das starke Eindringen des PCs in meßtechnische Anwendungen werden Vielfalt und Komplexität zu lösender Meßaufgaben, die für die Meßwerterfassung typisch sind, dazu führen, daß der Umfang an benötigter

Software stark zunehmen wird. Zur Zeit existiert ein Rückstand gegenüber der Hardware. Der Meßtechniker wünscht sich verständlicherweise anwenderfertige Lösungen ohne Aufwand an speziellen Programmierkenntnissen. In den nächsten Jahren sind hier erhebliche Fortschritte zu erwarten. Gegenwärtig existieren als Bedienoberflächen für die Meßtechnik die drei Konzepte Menütechnik, Kommandosprachen und Windowtechnik, wobei letztere besonders leistungsfähig und bedienerfreundlich ist. Der Trend der nächsten Jahre wird markiert durch die in jüngster Zeit entwickelte Software für PC-Meßgeräte. Beispielsweise verwendet Siemens ein Grafiksystem mit GEM Desktop, das eine schnelle komfortable Bedienung mehrerer PC-Meßgeräte von einem PC aus ermöglicht. Teile von (gedachten) Meßgerätefrontplatten bzw. Anzeigen werden in Dateien hinterlegt und können vom PC auf Drukker ausgegeben werden. Meßkurven werden in eine GEM-Grafikdatei übernommen und können vom PC beliebig auf seine Standardperipheriegeräte oder auf den Bildschirm ausgegeben werden.

Auf dem Gebiet meßtechnischer Programmiersprachen ist ein Generationswechsel zu erwarten. Zunehmend werden grafische, objektorientierte Programmierwerkzeuge zur Entwicklung von Meßprogrammen entwikkelt. Ein Beispiel dafür ist der Programmgenerator PCI-Genesys (Siemens), der das automatische Generieren von PCI-Basis-Programmen ermöglicht, ohne daß der Anwender die Programmiersprache erlernen muß /6/. Der Anwender muß lediglich die Ablaufstruktur (logischer Programmablauf) und die Randbedingungen seiner Messungen grafisch am Bildschirm eingeben. Nach der grafischen Darstellung des gewünschten Meßablaufs wird automatisch ein PCI-Basic-Programm generiert. PCI-Basic ist eine speziell für IEC-Bus-gesteuerte Meßgeräte entwikkelte Programmiersprache mit einem Basic-Compiler zur freien Programmierung von PC-Meßplätzen und einzelnen PC-Meßgeräten. Die hier erwähnte automatische Programmgenerierung und der breite Einsatz „virtueller" Instrumente als Software-Interfaces, das heißt die Darstellung mehrerer Frontplatten auf dem PC-Bildschirm, über die die angeschlossenen PC-Meßgeräte auch bedient und gesteuert werden können, werden in den 90er Jahren die Meßtechnik tiefgreifend beeinflussen.


**Literatur**

/1/ Seifart, M.: Intelligenter Prozeßkoppelmodul. Mikroprozessortechnik, Berlin 1 (1987) 1, S. 11

/2/ Beikirch, H. u. a.: Intelligente dezentrale Prozeßkoppelmodule. Feingerätetechnik, Berlin 26 (1987) 8, S. 360

/3/ Michaelis, B.; Maaß, R.: Meßwerterfassung mit CCD-Sensoren. Mikroprozessortechnik, Berlin 1 (1987) 2, S. 41

/4/ Güttler, F.: Digitale Meßwerterfassung und Kommunikation in der Kleinautomatisierung. 33. Internationale wissenschaftliche Konferenz der Technischen Hochschule Ilmenau 1988, Reihe A 2

/5/ Scholz, B.: Entwurf und Realisierung eines Feldbussystems für die Kleinautomatisierung. Technische Universität Magdeburg: Dissertation A, 1988

/6/ Simmel, H. E.: Programmerstellung mit dem Programmgenerator PCI-Genesys. 2. Kongreßmesse für industrielle Meßtechnik MessComp, 27.–29. 9. 1988, Wiesbaden, Tagungsband Vortrag 3A.5.

/7/ Seifart, M. u. a.: Einsatz anwendungsspezifischer Schaltkreise in Funktionseinheiten der Meßwerterfassung. Wissenschaftlich-technische Mitteilung VEB FER, H. 3 (1988) 3, S. 37

/8/ Fincke, U.: Funktionsprinzipien und -einheiten der dezentralen Meßwerterfassung. Dissertation A, Technische Universität Magdeburg 1988.

/9/ Seifart, M.: Analoge Schaltungen. 3. Aufl. Berlin: VEB Verlag Technik 1989.



KONTAKT

Technische Universität „Otto von Guericke" Magdeburg, Sektion Automatisierungstechnik und Elektrotechnik, Wissenschaftsbereich Prozeßmeßtechnik, PSF 124, Magdeburg 3010; Tel. 59 21 31 43


## *vorgestellt* Macintosh Portable

**Apples erster Laptop**

Die Anhänger von Computern der Firma Apple mußten lange warten, bis der erste Laptop vorgestellt wurde. Der Grund dafür, daß Apple als einer der letzten namhaften Hersteller nun erst ein Produkt dieser Kategorie herausbrachte, soll darin liegen, daß Apple auch hier Maßstäbe setzen wollte und dabei vor allem Probleme mit der Stromversorgung und dem Bildschirm gelöst werden mußten. Allseits anerkannt wird, daß dies gelungen ist. Der Portable präsentiert sich zum einen mit einem neuartigen 10-Zoll-Display – Active Matrix Liquid Crystal Display (AMLCD) genannt –, das sich bei einer Auflösung von 640 × 400 Pixeln vor allem durch den hohen Kontrast von 50 : 1, einen geringen Stromverbrauch und einen hohen Betrachtungswinkel auszeichnet. Dadurch, daß jeder Bildpunkt von einem eigenen, im Bildschirm integrierten Transistor angesteuert wird, also nicht impulsweise, besitzt das AMLCD nicht die von herkömmlichen LCDs bekannte Trägheit. Wie die PC-Woche berichtete, fertigen nur die beiden japanischen Firmen Hoseiden und Kyocera aktive Matrixdisplays. Die Tafel zeigt die bei Laptops zur Zeit eingesetzten Displaytechniken im Vergleich (Quelle: Apple). Zum anderen kennzeichnet den Mac Portable die außergewöhnlich lange netzunabhängige Betriebsdauer von bis zu 12 Stunden. Erreicht wird das unter anderem durch folgende Maßnahmen:

– Als CPU wird die stromsparende CMOS-Version Motorola 68HC000 verwendet (mit 16 MHz).

– Für den Hauptspeicher werden nicht die üblichen dynamischen Bausteine (DRAMs) eingesetzt, sondern statische CMOS-RAMs, die nicht ständig aufgefrischt werden müssen.

– Verwendet wird ein Bleiakku, der jederzeit auf volle Leistung nachgeladen werden kann. Dadurch, daß die Spannung bei diesem Batterietyp gleichmäßig abfällt, kann der Nutzer rechtzeitig automatisch vom kritischen Ladezustand unterrichtet werden (Maclike natürlich auf dem Monitor). Nach der vierten Alarmstufe begibt sich der Rechner in den Schlafmodus und gibt dem Nutzer fünf Tage Zeit, den Akku nachzuladen. Erst dann geht der Inhalt des RAMs verloren. (Übrigens kann der Akkublock in diesem Schlafmodus gewechselt werden, da eine 9-V-Batterie seine Aufgabe so lange übernimmt.)

– Für die Steuerung und Überwachung der Stromzufuhr setzt Apple eigens einen Mikroprozessor, den 50753, ein. Nach einem bestimmten Intervall, das vom Benutzer selbst festgelegt werden kann, schaltet der Prozessor das Gerät automatisch in den Sparbetrieb oder Ruhezustand. Der Prozessor läuft dann mit nur 1 MHz weiter. Die meisten anderen Komponenten werden ausgeschaltet – einschließlich der (optionalen) Festplatte mit einer Wiederanlaufzeit von weniger als drei Sekunden –, bis der Druck auf eine beliebige Taste den Rechner reaktiviert. Dieser Zeitraum kann mehrere Tage betragen.

Schon mit diesen Leistungen in bezug auf Nutzerfreundlichkeit übertrifft der Mac Portable viele seiner Konkurrenten. „Unser oberstes Ziel war, daß dieses Gerät seinen Namen verdient – Macintosh Portable. Das bedeutet, keinerlei Kompromisse zuzulassen," sagte Jean-Louis Gassée, Präsident der Apple Products Division bei der Vorstellung. Dafür sprechen auch die weiteren Merkmale: Die Tastatur ist mit der des bekannten Macintosh identisch; anstelle des Ziffernblocks wird jedoch standardmäßig eine (gegen den Ziffernblock austauschbare) Maus (Trackball) integriert. Neben dem FDHD-Diskettenlaufwerk (3,5 Zoll, 720 KByte oder 1,44 MByte), das alle gängigen Diskettenformate – auch MS-DOS – verarbeitet, kann ein zweites Disk- oder ein Festplattenlaufwerk (bis 40 MByte, 28 ms Zugriffszeit) installiert werden. Sieben Macintosh-Standardanschlüsse ermöglichen den Betrieb von Festplatte, Drucker oder Scanner. Darüber hinaus gibt es serielle Anschlüsse für einen Drucker, ein Modem oder das AppleTalk-Netz. Ein Modem-Slot oder Slots für RAM und ROM lassen Erweiterungen zu; allerdings nur mit einem Steckkartenformat, das nicht mit dem des bisherigen Macs oder anderer Hersteller übereinstimmt. Standardmäßig ist der Portable mit 1 MByte RAM ausgestattet; eine Aufrüstung ist derzeit auf 2 MByte möglich, nach der Verfügbarkeit von HD-Speicherchips auf 9 MByte. Die Maße des Laptops betragen 39 cm in der Breite, 38 cm in der Tiefe und 10 cm in der Höhe. Das Gewicht liegt (einschließlich Batterie und Festplatte) bei noch „schoßgerechten" 7,16 kg. Daß mit der Systemsoftware 6.04 volle Kompatibilität zum Betriebssystem, zur Benutzeroberfläche und zu den bekannten Anwenderprogrammen der übrigen Macs besteht, darf man bei Apple schon fast voraussetzen. Der Preis für all den Komfort liegt jedoch bei bis zu 16 000 DM. *MP-We*

| Technologie | Leistungsaufnahme [W] | Kontrast | Blickwinkel [°] | Ansprechzeit [ms] |
|---|---|---|---|---|
| Gas-Plasma | 20 | 20 : 1 | 45 | 16 |
| Elektrolumineszenz | 15 | 10 : 1 | 140 | 1 |
| ST-LCD | 5 | 20 : 1 | 25 | 200 |
| Aktivmatrix | 0,45 | 50 : 1 | 90 | 50 |

# Bussysteme für Multiprozessoranordnungen

**Prof. Dr. Wolfgang Meiling, Dresden**

## Bussysteme und Busstandards

Ein Bus stellt eine parallele Sammelleitung zur Übertragung von Daten, Adressen, Steuersignalen und Versorgungsleitungen für Leiterkartenbaugruppen dar, die von einem Baugruppenträger, zum Beispiel mit einer Einbaubreite von 19 Zoll, aufgenommen werden. Mit Leiterkarten, die an diesen Bus angeschlossen werden, lassen sich in modularer Weise Rechner, Multiprozessorsysteme, Meßwerterfassungs- und Verarbeitungseinrichtungen für experimentelle Untersuchungen, Simulatoren, Steuer- und Überwachungsanlagen u. a. m. aufbauen. Hierbei hat der Bus wesentlichen Einfluß auf Leistungsfähigkeit und Zuverlässigkeit des Zusammenspiels der einzelnen Leiterkartenbaugruppen /1/.

Das problemlose Zusammenwirken der einzelnen Leiterkarten im Baugruppenträger setzt die präzise und eindeutige Definition der Übertragungs- und Anschlußbedingungen des Busses und bei den Leiterkartenherstellern die exakte Berücksichtigung der Busprotokolle u. ä. voraus, wenn die Vorteile eines modular aufgebauten, erweiterungs- und anpassungsfähigen „offenen" Systems zur Konfigurierung anspruchsvoller Rechner und Geräte genutzt werden sollen. Unter diesem Aspekt sind die langjährigen nationalen und internationalen Bemühungen um die Definition geeigneter Busstandards zu sehen, vor allem auch um die Akzeptanz eines Standards durch möglichst viele Leiterkarten- und Geräteproduzenten.

Bei den ersten Parallelbus-Standards für die Konfigurierung komplexer Systeme aus einzelnen Leiterkartenbaugruppen war charakteristisch, daß alle Busoperationen unter der Regie eines definierten Steuermoduls (Busmaster) abliefen, zum Beispiel die CAMAC-Rahmensteuerung im modularen Instrumentierungssystem CAMAC oder die Zentrale Verarbeitungseinheit (CPU) im Bus des Mikrorechnersystems K 1520. Mit zunehmendem Integrationsgrad der mikroelektronischen Schaltkreise und mit der dadurch möglich gewordenen Ausstattung von Leiterkarten mit lokalen Mikroprozessoren, beispielsweise zur Datenein- und Datenausgabe, wurde es notwendig, die Bussteuerung wahlweise zwischen einzelnen anfordernden (masterfähigen) Baugruppen umschalten zu können. So entstanden die Konzepte multimasterfähiger Bussysteme, die in den achtziger Jahren in Verbindung mit der Verfügbarkeit von 32-Bit-Mikroprozessoren zu einer Reihe von Busstandards geführt haben /2/, /3/, /4/, /5/, /6/. Bei der Wertung von multimasterfähigen Bussen für 32-Bit-Mikroprozessoren hat man neben den Buseigenschaften zwei wichtige Gesichtspunkte zu berücksichtigen.

• Der Vorteil eines modularen Systems mit Verfügbarkeit vieler verschiedener Leiterkarteneinschübe kommt voll zum Tragen, wenn Rechner, Verarbeitungs-, Steuersysteme u. ä. für ausgewählte Aufgabenstellungen (und demzufolge meist in nur geringer Stückzahl) und im wissenschaftlichen Gerätebau mit geringem Zeitbedarf und guter Anpassung an die Aufgabenstellung aufzubauen sind. Demgegenüber wird es im Regelfall bei Produkten, die wie Personalcomputer in großen Stückzahlen zu fertigen sind, ökonomisch günstiger sein, einen speziell auf die Rechnerkonfiguration, die eingesetzte Mikrorechner-Schaltkreisfamilie und die konstruktiven Besonderheiten optimierten Bus zu verwenden. Dieser Weg wurde unter anderem mit dem PC-Bus und dem Mikrokanal (Micro Channel Architecture – MCA) von IBM beschritten. Der Aufbau von Personal- und Arbeitsplatzcomputern mit einem multimasterfähigen Standardbus – wie dem Bus MMS-16 des A 7100 /7/ –, der elektrisch mit den Bussen Multibus I, AMS-Bus sowie I-41 kompatibel ist, dürfte mehr als Ausnahme vom üblichen Weg zu betrachten sein. In der nachfolgenden Beschreibung von Bussystemen werden die zumeist herstellerspezifischen Lösungen für kostengünstige Personalcomputer nicht berücksichtigt.

• Moderne Mikroprozessoren mit 16- und 32-Bit-Verarbeitungswortbreite zeichnen sich durch interne Parallelarbeit des Anschlußinterfaces, der Verarbeitungseinheit und weiterer Funktionen aus, so daß der Mikroprozessor praktisch ohne merkliche Pause Datentransporte und damit Busoperationen ausführt. Bei einem Multiprozessorsystem würde damit der Bus zwangsläufig zum Engpaß werden, das heißt, die Gesamtleistung eines Multiprozessorsystems würde gegenüber einem Einprozessorsystem nur relativ wenig ansteigen. Der übliche Ausweg aus dieser Situation besteht darin, dem Einzelprozessor über einen lokalen oder Nebenbus die Kommunikation mit „seinem" Speicher zu ermöglichen und den System- oder Hauptbus für die Kommunikation zwischen den Prozessoren zu nutzen. Aus dieser Konzeption heraus entstanden Bussysteme mit mehreren unabhängigen und mit unterschiedlichen Aufgaben versehenen Bussen. Ein Beispiel zeigt Bild 1 mit dem Multibus II /8/, /9/, /10/, /11/. Hier und in ähnlichen Systemen konzentrieren sich die über einzelne Hersteller hinausgehenden Standardisierungsaktivitäten vor allem auf den parallelen Systembus. Die verschiedenen Nebenbusse sind oft über die Definitionsphase nicht hinausgekommen. Andererseits ist eine sehr weitreichende Standardisierung dieser Nebenbusse auch nicht zu erwarten, wenn man bedenkt, daß sich der lokale Bus zwischen dem Mikroprozessor und seinem zugeordneten Speicher auf der Prozessorkarte selbst befinden kann.

Insgesamt läßt sich schlußfolgern, daß sich gegenwärtige Diskussionen um multimasterfähige Bussysteme für Multiprozessoranordnungen im wesentlichen auf parallele Systembusse für 32-Bit-Mikroprozessoren beziehen, deren Haupteinsatzfeld im modularen Aufbau spezieller Rechner, Datenerfassungs- und Steuersysteme und anderer Komplexe des wissenschaftlichen Gerätebaus liegt und sicherlich nicht in der Massenfertigung von „geschlossenen" Geräten zu suchen ist.

## Vergleich von 32-Bit-Mikrorechnerbussystemen

Der wohl erste multimasterfähige Systembus mit nachfolgend großer Verbreitung wurde 1976 als sogenannter Multibus – später als Multibus I bezeichnet – für die Realisierung von Multiprozessorsystemen mit dem 16-Bit-Mikroprozessor 8086 definiert /12/. Die Entwicklung von 32-Bit-Mikroprozessoren führte zum Entwurf von entsprechenden 32-Bit-Bussystemen. Während der ursprüngliche VMEbus auf wahlweise 32 nutzbare Daten- und 32 Adreßleitungen erweitert wurde /13/, schlug Intel 1983 den Multibus II als einen neuen parallelen Systembus (iPSB) vor, der ebenfalls durch Zusatzbusse ergänzt wird, siehe Bild 1 /8/, /10/, /11/. In Tafel 1 sind charakteristische Eigenschaften der erwähnten Bussysteme, einiger Standards der IEEE (USA) und des japanischen TRON-Projekts zusammengefaßt, nach /2/, /3/, /4/, /5/, /14/. Für den Tobus des TRON-Projekts ist eine spätere Erweiterung auf 64 Daten- und Adreßleitungen möglich.

Zu den wichtigsten Kriterien beim Vergleich verschiedener Busstandards zählt die maximale Übertragungsrate. Die Laufzeit eines Signals auf der rund 0,5 m langen und durch die angeschlossenen Bustreiber und -empfänger kapazitiv belasteten Busleitung beträgt etwa 15 ns /1/, /15/. Berücksichtigt man die notwendigen Zeiten für das Einschwingen der Signale, für das Abklingen von Reflexionen auf der Leitung, zum Ausgleich von Laufzeitdifferenzen in den Busankoppelschaltkreisen u. ä., so ergibt sich bei vertretbarem technischen Aufwand ein minimaler Zeitbedarf für eine Busübertragungsoperation von rund 100 ns. Durch Treiber mit rampenförmig ansteigendem Signal zur Reduktion des Übersprechens und mit einer Schottky-Diode in Reihe mit dem Treiberausgang zur Verringerung der kapazitiven Busbelastung wird beim Futurebus auf eine Verringerung dieses Zeitbedarfs und damit auf eine Erhöhung der Übertragungsrate bis auf etwa 100 MByte/s orientiert /16/.

Bei einer Datenübertragung mit getrennten Adreß- und Datenleitungen ist zwar die höchste Übertragungsrate erreichbar, dennoch wird bei neueren Bussystemen die Übertragung von Adressen und Daten auf gemeinsamen Leitungen im Zeitmultiplexbetrieb bevorzugt, weil hieraus eine beträchtliche Verringerung der Zahl der Bustreiberschaltkreise und der von ihnen erzeugten Wärme resultiert. Da Daten erst nach Aktivierung des Datenwegs durch Auswertung der Adressen gelesen oder ge-

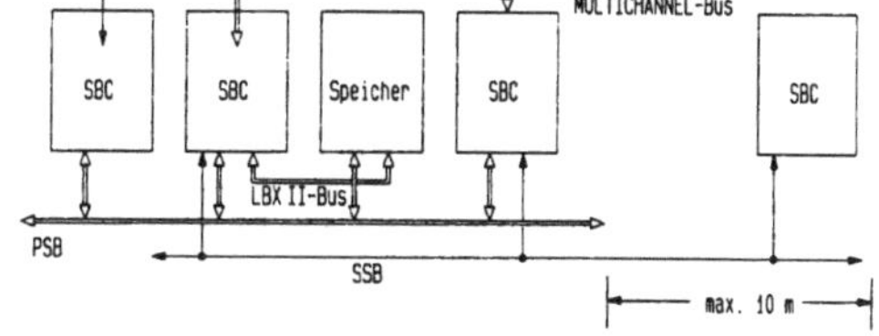


***Bild 1** Konzeption des Multibus II; SBC single-board computer, Einleiterkartenrechner*

**Tafel 1 Vergleich von 32-Bit-Bussystemen**

| | VMEbus | Fastbus | Futurebus | Nubus | Multibus II | Tobus |
|---|---|---|---|---|---|---|
| Standard, Status | IEEE 1014 | ANSI/IEEE 960 IEC 935 | IEEE P896.1 | IEEE 1196 | IEEE 1296 | TRON-Project (Japan) |
| Initiator, Förderer | Motorola u. a. | US-NIM-Committee | IEEE 896 WG | Texas Instr. | Intel Corp. u. a. | TRON-Project |
| Adreß- und Datenleitungen | 24 A, 16 D, Erweiterung: 32 A, 32 D | 32 AD zeitmultiplex | 32 AD + 2 Tag-Leitungen, zeitmultiplex | 32 AD, zeitmultiplex | 32 AD, zeitmultiplex | 32 AD, zeitm. (Erweiterung für 64 AD) |
| Datenübertragungsbreite, Bit | 16; 32, 24, 8 | 32 | 32; 24, 16, 8 | 32, 16, 8 | 32, 24, 16, 8 | 32, 16, 8 (64) |
| Busübertragung (Bustakt, MHz) | asynchron | asynchron, synchron möglich | asynchron | taktsynchron (10) | taktsynchron (10) | asynchron |
| Paritätsbits für Busübertragung | – | 1 | 7 | 1 | 6 | 5 (9) |
| Adreßräume | 64 | 2 | 1 | 1 | 4 | 4, 4, reserviert |
| geographische Adressierung | – | 5 Bit ID | 5 Bit ID | 4 Bit ID | ID-Zuordnung bei Initialisierung | ? |
| maximale Übertragungsrate, MByte/s | 33 | Block: 70 Einzelwort: 35 | 60 ... 100 | Block: 37,5 Einzelwort: 20 | Block: 40 Datenmessage: 32 Einzelwort: 20 | Einzelwort: 50 (100) |
| Massage-passing | – | für Interrupt | für P896.2 vorgesehen | – | ja | für Interrupt |
| Interruptleitungen | 7 | 1 | – | – | – | 2 |
| virtuelle Interrupts | – | für Master | ja | ja | Message-passing | Messages |
| Arbitration | zentral 4 Ebenen | verteilt | verteilt asynchron | verteilt taktsynchron | verteilt taktsynchron | verteilt |
| Anzahl aktiver Busleitungen | 107 | 60 | 67 | 46 | 67 | 75 (115) |
| Steckverbinder | 1 × 96 (32 Bit: 2. Steckverbinder) | 1 × 130 | 1 × 96 IEC 603-2 | 1 × 96 IEC 603-2 | 1 × 96 IEC 603-2 | 1 × 96 IEC 603-2 (64 Bit: 2. St.) |
| Leiterkartengröße, $mm^2$ (Eurocard IEC 297-3) | 233, 35 × 160 100 × 160 | 366, 7 × 400 | 366, 7 × 280 233, 35 × 280 | 366, 7 × 280 | 233, 35 × 220 100 × 220 | 233, 35 × 160 100 × 160 (366, 7 × 160) |
| fest zugeordnete Steckplätze | 1 (für Arbitration) | – | – | – | 1 (für CSM) | – |
| Zusatzbusse | VMXbus (lokal) VMSbus (seriell) I/O channel VSB (IEEE P1096 als Subsystembus) | serieller Bus vorgesehen | serieller Bus vorgesehen | – | iLBX (lokal) iSSB (seriell) iSBX (E/A-Erweiterung, IEEE P959) MULTICHANNEL BITBUS | Toxbus (lokal) |
| Unterstützung durch Treiber- und Bussteuerschaltkreise | Transceiver, Steuerschaltkreise der Mikroprozessorfamilie 68000, VMEchip | Transceiver für Bus und Kabelsegment | Transceiver | Transceiver, Steuerschaltkreise | Transceiver, BAC 84110, MIC 84120, Message-passing-Koprozessor 82389 | Steuerschaltkreis geplant |

schrieben werden können, bringt die zeitlich gestaffelte Übertragung von Adressen und Daten im allgemeinen keine gravierenden Nachteile.
Beim Busübertragungsprotokoll wird zwischen asynchroner und synchroner Übertragung unterschieden. Während sich die asynchrone Übertragung mit Hilfe von Anmeldungs- und Quittierungssignalen automatisch an die jeweils höchstmögliche Übertragungsgeschwindigkeit anpassen kann, zeichnet sich eine synchrone Übertragung durch ein einfacheres Businterface und eine geringere Störempfindlichkeit aus, wenn die Signalpegel nach dem Einschwingen taktsynchron bewertet werden. Diese synchrone Busübertragung wird beispielsweise beim Multibus II durch ebenfalls taktsynchron abgetastete Handshake-Signale gesteuert. Bei einigen der in Tafel 1 aufgeführten Bussysteme sind die Daten und die Steuersignale durch ein oder mehrere Paritätsbits zusätzlich gesichert.
Bei den in Tafel 1 dargestellten Bussystemen werden für die Arbitration, das heißt für die Zuteilung der Bussteuerung zu einem von mehreren anfordernden Mastermodulen, zwei Möglichkeiten, jeweils mit Berücksichtigung von Prioritäten, genutzt: die zentrale Arbitration mit Erteilung der Buszugriffsberechtigung über spezielle Busleitungen an den „gewinnenden" Master und die verteilte Arbitration, bei der die Arbiter der anfordernden Module gemeinsam die aktuelle Zugriffsberechtigung ermitteln.
Wenn in einem Multiprozessorsystem die Interruptanforderung eines bestimmten Prozessors zu einem ausgewählten Modul übertragen werden soll, kann dies bei nur wenigen Interruptquellen mit Hilfe von separaten und entsprechend angeschlossenen Interruptleitungen gelöst werden. Diese Methode versagt jedoch, falls eine Interruptanforderung eines von N Modulen zu einem der anderen (N-1) Module zu übermitteln und N größer als etwa 8 bis 10 ist. Eine wirkungsvolle Lösung dieser Aufgabe wurde mit dem Prinzip der virtuellen Interrupts beim Multibus II geschaffen.
Die in Tafel 1 genannten 32-Bit-Bussysteme haben unterschiedliche praktische Bedeutung erlangt. Der VMEbus ist international weit verbreitet, wird von vielen Herstellern unterstützt und bildet die Grundlage zum Aufbau von Rechnern und Steuerungen sowie im wissenschaftlichen Gerätebau. Die Domäne des Fastbusses liegt in der Instrumentierung von Experimentanordnungen für die Hochenergie- und Elementarteilchenphysik, wo oftmals im Verlauf weniger Mikrosekunden die Ausgangssignale von Zehntausenden gleichartiger Detektoren erfaßt werden müssen. Die seit mehr als 10 Jahren laufenden Diskussionen zur Spezifikation des Futurebusses sind von den Entwicklungen anderer Bussysteme beeinflußt worden, haben aber auch zur Gestaltung solcher Standards wie Multibus II beigetragen. Fehlende industrielle Akzeptanz des Futurebusses – erkennbar auch am Fehlen geeigneter Interface-Steuerschaltkreise – verhinderte bislang einen merklichen Einsatz. Der Nubus als „einfacher" Bus hat bisher zum Aufbau modular strukturierter Multiprozessorsysteme offenbar keine Anwendung gefunden. Der parallele Systembus iPSB des Multibus II, dessen Architektur gegenüber den anderen genannten Bussen durch einige weiterführende Besonderheiten gekennzeichnet ist, setzt sich international immer mehr durch. In /9/ und /17/ ist eine Reihe von Multibus II-Modulen als Verarbeitungseinheiten (mit den Mikroprozessoren 80286/386/486), als Speicher, Kommunikations-, Bildschirm- und Peripheriesteuerungen sowie als Ein- und Ausgabemodule aufgeführt.
Gegenwärtig wird zu Forschungs- und Standardisierungsarbeiten für einen Multiprozessorbus mit einer Übertragungskapazität von 1 GByte/s aufgerufen /18/. Dieser „Superbus" mit der Bezeichnung Scalable Coherent Interface (SCI) soll gegenüber den besten derzeit spezifizierten Bussen eine um mindestens eine Größenordnung höhere Übertragungsleistung aufweisen, unter anderem durch einen 250-MHz-Übertragungstakt und unidirektionale Übertragungsleitungen. Es beginnen auch Diskussionen zu einem sogenannten Futurebus-Plus, der eine Übertragungsbreite von bis zu 256 Bit aufweisen soll und der für den Datenaustausch mit schnellen Massenspeichern einsetzbar ist.

## Multibus II

In der „Philosophie" des Multibus II stellt jede Leiterkarte für sich einen funktionsfähigen Mikrorechner dar, der Anwendersoftware unter der Regie eines Betriebssystems nutzt oder als Steuerung des Datenaustauschs mit externen Einheiten, als Grafikprozessor o. ä. arbeitet (siehe Bild 2). Der Parallelbus iPSB dient damit im wesentlichen nur zum Transfer von Nachrichten (messages) zwischen den einzelnen Modulen des Systems, das heißt, der iPSB läßt sich als lokales Netz betrachten, dessen Ausdehnung auf die Breite des Baugruppenträgers beschränkt ist. Der Multibus II als IEEE-Standard 1296 /8/, /10/ erhielt 1988 vom Technischen Komitee SC47B des IEC einen internationalen Status. Kurzbeschreibungen sind in /6/ und /19/ und mit Beachtung von Software- und Systemaspekten in /11/ zu finden.
Die wesentlichen Eigenschaften des Multibus II betreffen den Nachrichtenaustausch (message-passing) und die Unterstützung der Systemkonfigurierung und -kontrolle. Bei der Message-passing-Kommunikation erfolgt der Datentransfer auf dem parallelen

***Externbus*** *Zeichnung: Frank Steger*

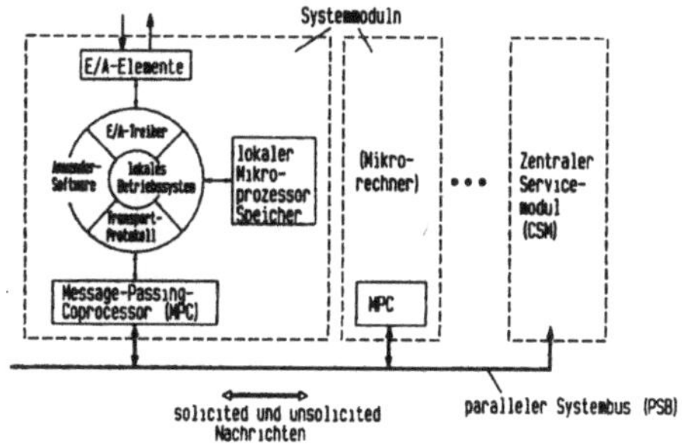


***Bild 2** Systemmodule des Multibus II am parallelen Systembus iPSB*

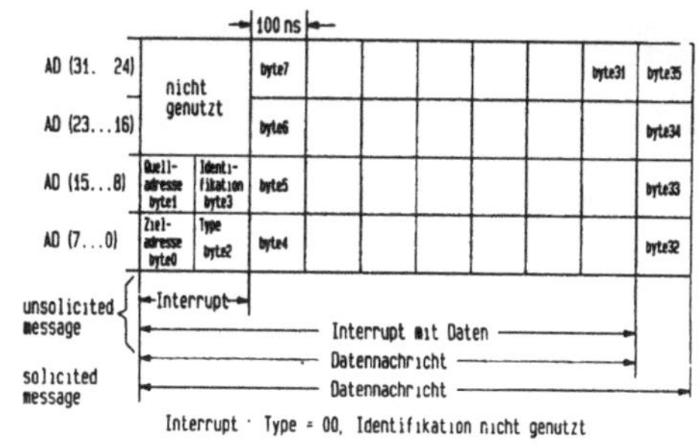


***Bild 3** Nachrichtenformate bei Message-passing-Kommunikation auf dem parallelen Systembus iPSB*

Systembus durch Datenpakete (Nachrichten) mit einer Länge von 36 oder 32 Byte. Die *nicht angemeldeten Nachrichten* (unsolicited messages) werden als Interruptanforderungen an einen Zielmodul (Zieladresse) oder an alle Module (broadcast) gerichtet und enthalten neben den Adressen (jeweils 1 Byte für Quelle und Ziel) ein maximal 28 Byte umfassendes Parameterfeld (Bild 3). Durch diese virtuellen Interrupts wird das erwähnte N x (N-1)-Problem der Interruptanforderungen bei mehreren interruptfähigen Einheiten elegant gelöst. Mit nicht angemeldeten Nachrichten läßt sich ferner die Übertragung angemeldeter Nachrichten vorbereiten. *Angemeldete Nachrichten* (solicited messages) weisen neben der Quell- und der Zieladresse und dem bis zu 32 Byte langen Datenfeld zusätzliche Typangaben auf. Nach Anforderung von Pufferspeicherkapazität im Empfangsmodul und Bestätigung durch den Empfänger wird der Datenblock unter Regie der Message-passing-Koprozessoren der betreffenden Module übertragen. Wesentlich ist, daß hierbei die lokalen Mikroprozessoren nicht beteiligt sind und daß auch die Aufteilung größerer Datenfelder in 32-Byte-Nachrichten oder die Zusammenfügung übertragener Nachrichten von den Message-passing-Koprozessoren selbständig abgewickelt wird. Die Message-passing-Übertragung erfolgt damit unabhängig von den lokalen Mikroprozessoren und vom Nutzerprogramm, und sie ist damit auch nicht an bestimmte Mikroprozessortypen gebunden. Der als integrierter Schaltkreis entwickelte Message-passing-Koprozessor MPC 82389 /20/ ermöglicht somit eine einfache und wenig Leiterkartenfläche beanspruchende Kopplung zwischen Leiterkarte und iPSB.

Mit der sogenannten geographischen Adressierung kann nach Initialisierung des Systems durch einen zentralen Service-Modul (CSM) des Multibus II jeder Systemmodul über die Steckplatzposition aufgerufen werden, ohne daß in den Modulen hierfür Schalter oder Drahtbrücken zu verändern sind. Der im Systemmodul vorhandene Interconnect-Registerblock mit einer Länge von 512 Byte enthält durch den Hersteller eingespeicherte Angaben zum Modultyp u. ä. Die Konfigurationsregister des Interconnect-Speichers können im Interconnect-Adreßraum durch das Betriebssystem mit Einstellparametern für die gewünschte Modulbetriebsweise geladen werden. Neben der Vermeidung manueller Bedien- und Einstellfehler ist es vorteilhaft, daß die Konfigurierung des Systems vom Betriebssystem – einschließlich des Aktivierens von Reserve-Modulen nach dem Erkennen fehlerhaft arbeitender Module – ermöglicht wird. Im Zusammenhang mit der Busspezifikation muß auch auf modulresidente Testsoftware verwiesen werden (built-in self test – BIST), die im Modul unter Steuerung eines 8-Bit-Einchipmikrorechners abläuft. Sie erlaubt nach Einschalten der Betriebsspannung einen Selbsttest und dient auch einer möglichst hohen Systemzuverlässigkeit.

## Ausblick

Die Wahl eines „besten" Bussystems aus der Vielfalt der definierten und eingeführten Bussysteme ist wegen einer Reihe sich teilweise widersprechender Forderungen nicht möglich. Von wesentlicher Bedeutung ist jedoch, ob geeignete Busankoppel- und Bussteuerschaltkreise zur Verfügung stehen und ob sich der Anwender auf ein möglichst breites, im internationalen Maßstab eingeführtes Modulsystem stützen kann. Unter diesen Voraussetzungen können modulare Systeme mit hoher Leistungsfähigkeit, mit Nutzung vorhandener Erfahrungen und Software und mit Anpassungsfähigkeit an wechselnde Aufgabenstellungen bei vertretbarem Zeitaufwand geschaffen werden. Dies steht vor allem im wissenschaftlichen Gerätebau und bei Rechnern und Steuerungen für Einzelanwendungen im Vordergrund.

Allgemein wird eingeschätzt, daß trotz auftretender Kompatibilitätsprobleme bei VMEbus-Modulen unterschiedlicher Hersteller der gegenwärtig dominierende VMEbus für die angedeuteten Einsatzgebiete auch bis in die neunziger Jahre hinein die Hauptrolle spielen könnte. Ab Mitte der neunziger Jahre wird eine Vorrangstellung des Multibus II vorausgesagt, dessen Architekturmerkmale denen des VMEbus überlegen sind. Die nicht zu unterschätzende Kompliziertheit aller Bussysteme und die Einbindung in Betriebssysteme lassen eine intensive Mitarbeit an den international betriebenen Normungsaktivitäten als vordringlich erscheinen, da nur so rechtzeitig eine optimale nationale Orientierung und die entsprechende Berücksichtigung der Entwicklungen in der gerätebauenden Industrie ermöglicht wird.

**Literatur**


/1/ Gustavson, D. B.: Computer buses – a tutorial. IEEE Micro 4 (1984) 4, S. 7

/2/ Smolin, M.: Micro standards. IEEE Micro 8 (1988) 3, S. 5

/3/ Müller, K. D.: Comparison and status of 32 bit backplane bus architectures. IEEE Trans. Nucl. Sci. 32 (1985), S. 262

/4/ Borrill, P. L.: Objective comparison of 32-bit buses. IEEE Micro 5 (1985) 6, S. 71; Microprocessors and microsystems 10 (1986), S. 94

/5/ Gustavson, D. B.: High performance data buses – progress and evolution. IEEE Trans. Nucl. Sci. 35 (1988), S. 326

/6/ Meiling, W.; Fülle, R.: Mikroprozessoren und Mikrorechner. Berlin: Akademie-Verlag 1988

/7/ Junge, S.; Keller, D.: Das Mikrorechnermodulsystem 16 und sein Einsatz im Arbeitsplatzcomputer robotron A 7100. Neue Tech. Büro, Berlin 29 (1985) 3, S. 81

/8/ Intel Corp.: MULTIBUS II bus architecture specification, handbock. 146077-B, 1983 und spätere Ausgaben

/9/ Intel Corp.: MULTIBUS II product data book. 280055-003, 1986

/10/ IEEE Std. 1296, MULTIBUS II: A full-feature 32-bit backplane bus. 1987

/11/ Furrer, F. J.: System- und Software-Architektur des Multibus II. Elektronik, München 37 (1988) 21, S. 78, 38 (1989) 2, S. 75

/12/ Johnson, J. B.; Kassel, S.: The MULTIBUS design guidebook – structures, architectures, and applications. New-York: McGraw-Hill 1984

/13/ Fischer, W.: IEEE P1014 – a standard for the high-performance VME bus. IEEE Micro 5 (1985) 1, S. 31

/14/ Sakamura, K.; Sano, R.; Honma, R.: Introducing Tobus. The system bus in the TRON architecture. IEEE Micro 8 (1988) 2, S. 47

/15/ Wilson, R.: The physics of driving backplane buses. Microprocessors and microsystems 10 (1986), S. 61

/16/ Balakrishnan, R. V.: The proposed IEEE 896 Futurebus – a solution to the bus driving problem. IEEE Micro 4 (1984) 4, S. 23

/17/ European Multibus Group EMG: Multibus I, AMS bus, Multibus II, Product guide 89/90. München, 1989

/18/ Gustavson, D. B.: IEEE P1596, a Scalable Coherent Interface for gigabyte/sec multiprocessor applications. IEEE Trans. Nucl. Sci. 36 (1989), S. 811

/19/ Schwertfeger, H.-J.; Krüger, W.: Ein- und Mehrprozessorsysteme mit Multibus-Architektur. Mikroprozessortechnik, Berlin 2 (1988) 3, S. 83

/20/ Intel Corp.: 82389 Message Passing Coprocessor. A MULTIBUS II bus interface controller (Advance information). Microprocessor and peripheral handbook 1989, S. 6.150



**✉ KONTAKT ☏**

Technische Universität Dresden, Sektion Physik, Mommsenstraße 13, Dresden, 8027; Tel. 4 63 50 76


**Kleines Lexikon der Mikrorechentechnik**

**S**
wie Schnittstelle

**T**
wie Timeout

Zeichnungen: Dahmen

# Die Dateihierarchie bei größeren Softwareprojekten unter Unix

**Peter Lange, Dieter Büttner, Dresden**

Bei der Entwicklung und Wartung größerer Softwareprojekte entstehen besondere Anforderungen an die Technologie, mit der die Programme hergestellt werden. Es wird im folgenden eine Dateihierarchie für das Betriebssystem Unix vorgestellt, die die Softwareentwicklung für solche Projekte unter Verwendung der typischen Hilfsmittel von Unix unterstützt.
Damit ist eine Softwareherstellung unter den folgenden Randbedingungen möglich:
- Das Projekt soll von vielen Anwendern genutzt werden, die das Projekt auch selbständig weiterentwickeln können.
- Es sollen unterschiedliche Versionen des Projektes gleichzeitig nebeneinander existieren können.
- Mehrere Bearbeiter sollen gleichzeitig an der Herstellung der Software beteiligt sein können.
- Das Programmsystem soll fertig generiert ausgeliefert oder vom Nutzer selbst generiert werden können.
- Die Fehlersuche und Wartung muß auch beim Nutzer möglich sein.
- Die Zuordnung der Programme zu ihren Autoren soll sichtbar bleiben.
- Die einzelnen Komponenten sollen relativ isoliert vom Gesamtsystem bearbeitet werden.
- Es sollen die Unix-Tools verwendet werden.
- Die typische Arbeitsweise in Unix muß erhalten bleiben.

Um diesen Forderungen gerecht zu werden, muß eine Hierarchie von Dateiverzeichnissen, wie sie als Beispiel in Bild 1 dargestellt ist, entwickelt werden. In diesen Dateiverzeichnissen befinden sich sämtliche zu einem Projekt gehörenden Dateien. Es gibt zwei Typen von Dateibäumen:
1. Der Baum ab Directory *relis* enthält alle Dateien zur Generierung des Gesamtsystems RELIS und bildet die Umgebung für die Systemgenerierung.
2. Der Baum ab Directory *otto* enthält die Dateien für die Arbeit des Programmierers Otto. Dieser Teilbaum stellt die Umgebung für einen Programmierer dar.

## Die Entwicklerumgebung des Programmierers

Der wesentliche Unterschied zwischen dem Dateibaum des Gesamtsystems und dem Baum für die Projektbearbeiter ist ein Directory *sccs* für Quelldateien. Die Quellen für alle Programmversionen, die ein Bearbeiter erstellt, werden in Unterverzeichnissen des Verzeichnisses *sccs* mit Hilfe des unter Unix verfügbaren SCCS (Source Code Control System) verwaltet.
Es wurden folgende Unterverzeichnisse aufgebaut:
**../sccs/txt** enthält alle vom Entwickler zu erstellenden Texte (Anwendungsbeschreibung, Entwicklungstechnologie usw.) als NROFF-Quellen (Suffix:.nq)
**../sccs/dat** Alle vom Entwickler benutzten Dateien, die zur Erprobung seiner Programme notwendig sind, und von ihm als Beispiel- oder Testdateien in eine Version eingebracht werden sollen, sind in diesem Verzeichnis abgelegt.
**../sccs/h** speichert alle vom Entwickler bereitzustellenden Definitionsdateien (Include-Files);
**../sccs/src** beinhaltet alle C-Quellen (C-Funktionen und C-Programme) sowie für das Make-File des Entwicklers mit den Vorschriften zum Bilden von Dokumentationen zu seinen Komponenten, von Objekt-Modulen für die RELIS-Bibliothek sowie für lauffähige C-Programme und Shell- bzw. C-shell-Prozeduren;
**../sccs/csh** enthält alle vom Entwickler bereitzustellenden Shell- und C-shell-Prozeduren.
Zur Programmentwicklung hat ein Entwickler für jede Programmversion ein separates Directory (hier *v1* für die Entwicklung der Version 1). In dem als *lokale Entwicklerumgebung* bezeichneten Teilbaum unterhält er den durch das SCCS für die jeweilige Version bereitgestellten Quellcode, und dort findet er die in dem als *Testumgebung* bezeichneten Teilbaum auch die Systemkomponenten, die er für seine *private* Generierung zu Testzwecken benötigt. Jeder Entwickler kann davon ausgehen, daß er in der Testumgebung sämtliche bisher für die entsprechende Version freigegebenen Softwarebestandteile vorfindet, denn diese Umgebung wird für ihn bei jeder neuen Generierung innerhalb einer Version aktualisiert. Die Unterverzeichnisse der *Testumgebung* haben folgenden Inhalt:
**lib** Die aktuelle RELIS-Bibliothek librelis.a wird aus der Umgebung der entsprechenden Version des Programmsystems hierher kopiert. Dabei erhält der Entwickler *Schreib*-

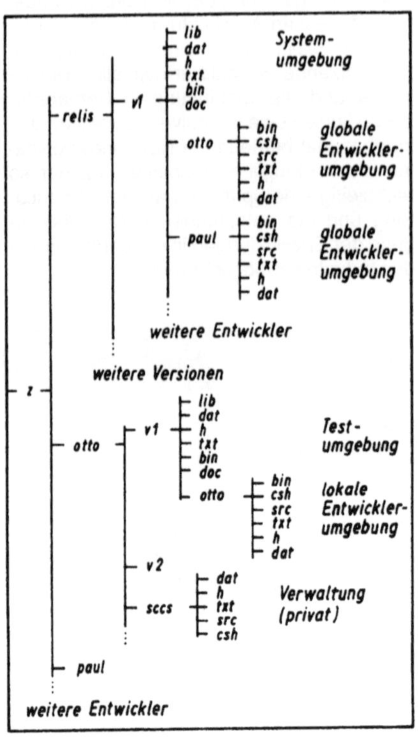


**Bild 1 Dateihierarchie**

*erlaubnis* für diese Bibliothek, wodurch das Ändern von Objektmodulen oder das Einbringen neuer Objektmodule aus der lokalen Entwicklerumgebung möglich wird.

**dat** Sämtliche Dateien aus den Dat-Directories aller Entwickler, die in eine Generierung eingeflossen sind, werden hierher kopiert. Damit ist beim *privaten* Testen der Zugriff auf alle bisher vorhandenen Datenbestände gesichert. Die Zugriffsrechte erlauben es dem Entwickler, diese Dateien zu ändern, um gegebenenfalls seine Tests zu erweitern.

**h** Hier werden sämtliche Definitionsdateien (Include-Files) für die Generierung durch den Entwickler bereitgestellt. Im Gegensatz zu den Verzeichnissen *lib* und *dat* erfolgt hier ein Kopieren auch mit Schreibberechtigung nur für diejenigen Dateien, die eben jener Entwickler für die aktuelle Version bereitgestellt hat. Die Include-Files aller anderen Entwickler finden sich hier als Ergebnis des Linkens wieder, und dem Entwickler ist das Ändern dieser Dateien verboten!

**bin** Das oben für die Incluce-Files bezüglich Bereitstellung Gesagte gilt auch für das Directory *bin*. Alle C-Programme und Shell- bzw. C-shell-Prozeduren anderer Entwickler stehen in der *lokalen Testumgebung* zur Verfügung. Das Ändern ist wiederum nur für die eigenen Komponenten möglich! Der Pfad zu diesem Directory ist für das Testen in die Environment-Variable $PATH einzugliedern.

**txt** Ist der Entwickler an der Erarbeitung von Texten allgemeiner Art beteiligt, so hat er die Möglichkeit, die mit **nroff** formatierten Texte zu begutachten.
Die Generierung der Komponenten der Entwickler wird durch Make-File – eine Handlungsanweisung für das Unix-Tool Make – gesteuert. Damit gibt der Programmentwickler an, wie unter Verwendung der Testumgebung seine Programmkomponenten gebildet werden.
Diese Generierung verläuft in folgenden Schritten:

### make h

Aus dem Subdirectory *h* einer Entwicklerumgebung werden alle Include-Files in das Subdirectory *h* einer *Testumgebung* kopiert. Gleichnamige Dateien werden dabei überschrieben. Damit wird gewährleistet, daß beim nachfolgenden Kompilieren von C-Quellen die aktuellen Include-Files einer Version zusammen mit den eigenen Include-Files verwendet werden.

### make lib

In diesem Schritt werden neue bzw. geänderte Bibliotheksfunktionen in die RELIS-Bibliothek *librelis.a*, die als Kopie im Subdirectory *lib* einer Testumgebung vorhanden ist, aufgenommen. Mit dem Compiler **CC** werden Objekt-Module erzeugt, die mit dem Archivar **AR** in librelis.a eingetragen werden.

### make dat

Aus dem Subdirectory *dat* einer Entwicklerumgebung werden alle Daten-Files in das Subdirectory *dat* einer Testumgebung kopiert. Gleichnamige Dateien werden dabei überschrieben.

### make txt

Aus dem Subdirectory *txt* einer Entwicklerumgebung werden alle als *NROFF*-Quellen vorhandenen Textdateien mit NROFF formatiert und im Subdirectory *txt* einer Testumgebung abgelegt.

In der folgenden Darstellung werden die Abläufe der Generierungsschritte *make csh* und *make bin* an Hand von Bild 2 näher erläutert. Darin werden Shell- und C-shell-Prozeduren für eine *private Testumgebung* bereitgestellt. Des weiteren werden aus C-Quellen unter Einbeziehung der vorher aktualisierten Include-Files und der RELIS-Bibliothek die lauffähigen C-Programme erzeugt.

**make csh (1)**

Hierbei werden *link*-Dateien aller Shell- und C-shell-Prozeduren, die sich in der *Entwicklerumgebung* befinden, in den *Bin*-Verzeichnissen der Entwicklungs- und der Testumgebung angelegt.

**make bin** (2)

Als nächstes werden nach den Bildungsvorschriften aus C-Quellen unter Einbeziehung der Include-Files (*) und der RELIS-Bibliothek lauffähige C-Programme erzeugt und physisch im Subdirectory für C-Quellen (3) abgelegt. Bei erneuten Generierungsläufen kann *Make* somit feststellen, welche C-Programme noch aktuell sind und demzufolge nicht neu erzeugt werden müssen. Alle nach den Vorschriften neu erstellten C-Programme werden als Link-Dateien (4) in die Verzeichnisse der *Entwicklerumgebung* und der lokalen *Testumgebung eingetragen* (Kompatibilität!).
Sind diese Schritte getan, stehen dem Ent-

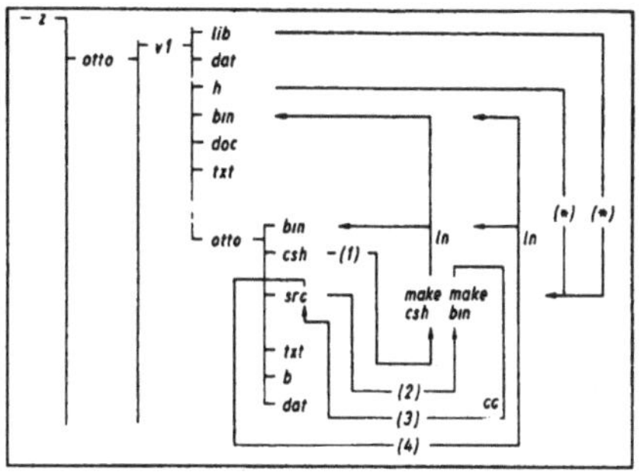


*Bild 2 Ablauf der Generierung*

wickler nunmehr alle Komponenten einer gültigen Version zur Verfügung, und er hat zum Testen seine neuen Komponenten hinzugefügt. Nach Abschluß dieser Testarbeiten schließt sich der Kreis der Software-Entwicklung mit der Freigabe der erfolgreich getesteten Komponenten und ihrer Übergabe in die *Verwaltungsumgebung*, wodurch sie bei einer neuen Generierung zum Bestandteil dieser Version werden.

### Die Generierung des Gesamtsystems

Die gleiche Struktur der Umgebung des Gesamtsystems und der Umgebung für die Programmentwickler vereinfacht die Programmentwicklung wesentlich:
Aus den SCCS-Directories der Bearbeiter werden alle Quellen für die zu generierende Version mit Hilfe von SCCS in die für jeden Programmhersteller vorhandenen Directories *csh, src, h* und *dat* geholt. Dadurch stehen auch die Make-Files eines jeden Bearbeiters für die Generierung des Systems zur Verfügung.
Die globale *Entwicklerumgebung* entspricht der lokalen *Entwicklerumgebung.* Der einzige Unterschied besteht darin, daß die Quellfiles nicht editierbar sind. Es wird von dem Grundsatz ausgegangen, daß ein Quellfile für eine Version nur an genau einer Stelle editiert werden sollte – nämlich in der *lokalen Entwicklerumgebung* dieser Version. Deshalb ist die *Systemumgebung* von der globalen Entwicklerumgebung aus über die gleichen relativen Pfade erreichbar, wie die Testumgebung des Entwicklers aus der lokalen Entwicklerumgebung. So kann also die Systemgenerierung mit den gleichen Make-Files ablaufen, mit denen während der Entwicklungs- und Testphase in der lokalen Entwicklerumgebung und der Testumgebung gearbeitet wurde. Kurz gesagt: Die Systemgenerierung besteht gleichfalls aus dem Aufruf von *make h* für alle globalen Entwicklerumgebungen, dann gefolgt von den Befehlen *make lib, make bin, make dat* und *make txt* für alle globalen Entwicklerumgebungen.


☒ KONTAKT ☎

Forschungsinstitut für Medizinische Diagnostik Dresden, Abteilung Laborinformationssysteme, Karl-Marx-Straße 3, Dresden, 8080; Tel. 58 31 45


*vorgestellt*

# Microcontroller SAB 80C166

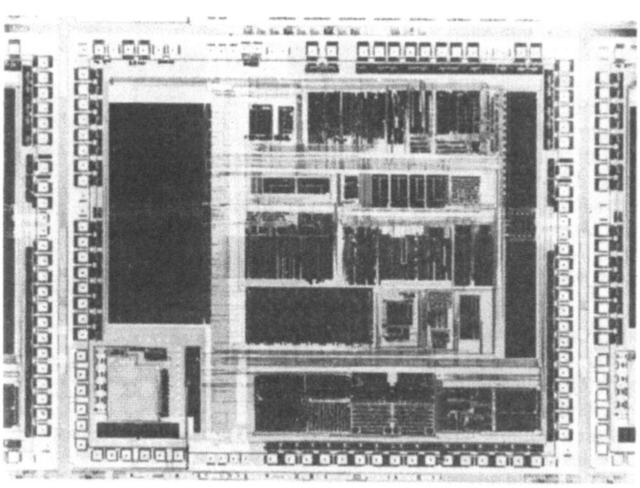

***Als nach eigenen Angaben einziger europäischer Hersteller stellt Siemens jetzt einen in 1,2-μm-CMOS-Technologie selbstentwickelten 16-Bit-Microcontroller vor, der in seiner Kombination von Leistungsfähigkeit und Flexibilität Maßstäbe setzen soll. Erste Kundenmuster sollen im I. Quartal 1990 verfügbar sein, die Serienfertigung beginnt Ende 1990.***

Für die Steuerung komplexer Prozesse gewinnen Microcontroller – oft auch als Einchipmikrorechner bezeichnet – zunehmend an Bedeutung, wobei die als Embedded Control bezeichneten Anwendungen, zum Beispiel in der Automobiltechnik, für Steuerungsaufgaben in der Industrie und in der Datenverarbeitung, ganz spezielle Anforderungen stellen: Im Vordergrund stehen die arithmetische Leistungsfähigkeit, hochsprachenorientiertes Datenhandling, kurze Interrupt-Antwortzeiten mit Priorisierungsmöglichkeit sowie weitgehend autarke Peripherie.
Da bisherige Controller diesen Anforderungen nur bedingt gewachsen waren, hat Siemens einen 16-Bit-Rechner als neuartige Symbiose aus Prozessor und Controller entwickelt. Funktional besteht der Baustein aus einem Hochleistungs-Mikroprozessor, einem programmierbaren Interrupt-System und einer integrierten, weitgehend selbständigen modularen Peripherie.
Der *Prozessor* wird aus dem eigentlichen CPU-Kern, 1 KByte RAM, 8 KByte ROM und einem Taktgenerator gebildet.
Die *CPU* zeichnet sich durch eine der RISC-Technik vergleichbare Rechnerleistung aus, die über 90 Prozent aller Befehle in 100 ns abarbeitet. Weitere Stärken sind umfassende Bitverarbeitung, hochsprachenorientierte Adressierungsarten sowie die arithmetische Leistungsfähigkeit (z. B. 16 × 16 Bit in 500 ns, 32/16 Bit in 1000 ns). Durch Register-Banking können im internen RAM fast beliebig viele, maximal 16 × 2 Byte große General-Purpose-Register definiert werden.
Beim *Interrupt-System,* dem Kernstück der Ereignisverwaltung, kann beim SAB 80C166 jeder Interruptquelle eine von 16 Prioritätsebenen zugeordnet werden. Die hohe Echtzeit-Leistungsfähigkeit zeigt sich in der kurzen Interrupt-Antwortzeit von maximal 400 ns.
Auch der *Peripheral Event Controller* trägt zur schnellen Reaktionsfähigkeit des Systems bei, weil er die CPU von interruptgetriebenen Datentransportaufgaben entlastet (DMA-Prinzip).
Die *Peripherie-Module,* die Schnittstellen zur eigentlichen Applikation, bestehen aus einem 10-Bit-A/D-Wandler, einer 16-Kanal-Capture/Compare-Einheit, 5 General-Purpose-Timern, zwei unabhängigen USARTs, 76 I/O-Portlines und einem Watchdog-Timer.
Zur Hard- und Softwareentwicklung bietet Siemens ein umfangreiches Tool-Paket, bestehend aus C-Compiler, Assembler, Linker, Locater, Software-Simulator, und einen ab Mitte 1990 verfügbaren Echtzeit-Emulator.

*MP*-We

# Turbo-Pascal 5.5

## Der Einstieg in die objektorientierte Programmierung

**Uwe Schulze, Berlin**

Sie haben die Wahl: Alles wie gehabt (bei vollständiger Kompatibilität zu 5.0) oder objektorientiert. Doch damit nicht genug: Es ist möglich, objektorientierte und traditionelle (imperative) Programmierungstechniken gemischt zu verwenden. Die Verfechter objektorientierter Programmierung werden dieser Ankündigung kritisch gegenüberstehen – ist doch der direkte Zugriff auf Daten beispielsweise bei Smalltalk nicht möglich.

Der mit Turbo-Pascal 5.5 (und übrigens auch Quick-Pascal 1.0) eingeschlagene Weg stellt einen erfolgversprechenden Versuch dar, die unbestrittenen Vorteile objektorientierter Programmierung einem breiten Anwenderkreis zugänglich zu machen und für die tägliche Arbeit zu nutzen. Als Vorbild dafür sah man Smalltalk für die allgemeinen Prinzipien und C++ für die Einbindung in prozedurale Sprachen. Für die *C-Gemeinde* steht mit Zortech C++ ein ähnlich einfaches Werkzeug wie Turbo-Pascal zur Verfügung.

Der sogenannte *objektorientierte Ansatz* wurde Ende der 70er Jahre im *Xerox Palo Alto Research Centre* entwickelt und mit Smalltalk-80 ein darauf basierendes Programmiersystem der Öffentlichkeit vorgestellt.

Die Idee der Erweiterung konventioneller Programmiersprachen um objektorientierte Eigenschaften kommt nicht von ungefähr. Vielmehr ist sie eine Folge von bestimmten Problemen der Softwareentwicklung der letzten Jahre.

Als Beispiel wollen wir uns die Verwaltung von dynamischen Listen ansehen. Bei der Arbeit mit Listen sind stets die gleichen Operationen auszuführen: Anfügen eines Elements, Löschen eines Elements, Suchen nach einem bestimmten Element etc.

Allgemein nutzbare Routinen für diesen Zweck zu schreiben fällt schwer, da ja die einzelnen Listen eine unterschiedliche Struktur besitzen. Entweder wir entwerfen für jede Liste neue Prozeduren (was gängige Praxis ist) oder die Routinen werden mit Parametern versehen. Spätestens bei einer Suchroutine zeigen sich aber deutlich die Nachteile dieses Vorgehens: Der Typ des Suchschlüssels kann unterschiedlich sein, was geschieht mit doppelten Schlüsseln etc. Und was passiert, wenn der Nutzer der Routine zusätzliche Ideen einbringen will, die nicht vorgesehen sind? Hier zeigen sich zwei grundsätzliche Probleme der Programmentwicklung:

- Parameterbeladene Prozeduren oder verschiedene Prozeduren für ähnliche Probleme
- Fehleranfällige Änderungen ziehen sich durch die Programme; liegen keine Quellen vor, bleibt nur Neuschreiben.

Wir wollen versuchen, diesen Problemen mit einem objektorientierten Ansatz zu begegnen. Die Idee liegt in der Zuordnung von Prozeduren (im objektorientierten Sprachgebrauch Methoden) zu den Daten. Dazu wurde der Record-Typ erweitert. Ein einfacher Listentyp hätte damit folgendes Aussehen:

```
type
listeptr = ^liste_typ;
liste_typ = object
key         : string;
next        : listeptr;
constructor init;
procedure add(liste,elem: listeptr);
procedure delete(liste: listeptr);
procedure show(liste: listeptr);
destructor done;
end;
```

Es ist zu erkennen, daß die Prozeduren an die Daten gekoppelt sind; wie die Prozeduren programmiert sein können, ist in Bild 1 zu sehen. Mit *add* soll ein übergebenes Listenelement nach dem ersten eingefügt werden, *delete* löscht das vorderste eingefügte Element und *show* zeigt alle Schlüssel der Liste – und das sind vorerst die einzigen Datenfelder – an. Wird mit Units gearbeitet, so kann der Prozedurkörper im Implementation-Teil stehen, er ist zugänglich, wenn das Objekt nur im Interface-Teil deklariert ist.

Für den Aufbau einer Liste wird zuerst eine Variable des Objekttyps (im objektorientierten Sprachgebrauch Instanz) erzeugt:

```
var liste: listeptr;
```

Die Erzeugung eines ersten Listenelements kann mit

```
New(liste);
```

erfolgen. Anschließend muß eine Initialisierung mit

```
liste.init;
```

vorgenommen werden. Zum einen erfordert unsere programmtechnische Umsetzung, daß der Zeiger auf das nächste Element mit NIL initialisiert wird zum zweiten ist die Initialisierung eines Objektes immer notwendig, wenn mit virtuellen (das heißt später veränderbaren) Methoden gearbeitet wird.

Mit dem Ziel, die *Show*-Routine später eventuell zu ändern, wurde diese als **VIRTUAL** deklariert. In diesem Zusammenhang muß eine Prozedur als **CONSTRUCTOR** definiert werden, die garantiert als erste aufgerufen wird und die Tabelle für die Zuordnung der virtuellen Methoden initialisiert. Diese Zuordnung braucht zum Zeitpunkt des Kompilierens noch nicht bekannt zu sein (auch späte Bindung genannt). Unterbleibt die Initialisierung, so ist ein Systemabsturz sicher. Zur Vereinfachung wurde die Syntax für den Aufruf der Standardprozedur *New* erweitert, die jetzt auch mit zwei Parametern aufgerufen werden kann. Damit verkürzen sich die beiden oben beschriebenen Anweisungen zu

```
New(liste,init);
```

Soweit erscheint diese Vorgehensweise nicht sensationell, aber wir können diese Liste jetzt als *Urahn* für alle weiteren Listen nutzen, das heißt, die entsprechenden Prozeduren müssen nicht wieder neu programmiert werden. Als Beispiel soll eine Liste von Buchtiteln alle Eigenschaften der alten Liste *erben* (und die betreffen die Verwaltung) und zusätzliche Datenfelder für den Titel, und die Bestellnummer erhalten – das Feld *Autor* dient hierbei als Schlüssel. Und so sieht der neue Typ aus:

```
type
buecher_typ = object (liste_typ)
  titel       : string;
  bestellnr   : string;
end;
```

Alle vererbten Methoden und Daten sind sofort nutzbar:

```
var buecher: ^buecher_typ;
New(buecher,init);
buecher^.key:='Raymond Chandler';
```

Natürlich können jederzeit weitere Listen definiert werden, etwa eine für englische Bücher, die zusätzlich den Originaltitel enthält:

```
unit listrout;

INTERFACE

type

listeptr = ^liste_typ;

liste_typ = object
 key        : string;
 next       : listeptr;
 constructor init;
 procedure add(liste,elem: listeptr);
 procedure delete(liste: listeptr);
 procedure show(liste: listeptr);
 destructor done;
end;

IMPLEMENTATION

constructor liste_typ.init;
begin
self.next:=NIL;
end;

procedure liste_typ.add;
begin
elem^.next:=liste^.next;
liste^.next:=elem;
end;

procedure liste_typ.delete;
var one_elem: listeptr;
begin
one_elem:=liste^.next^.next;
dispose(liste^.next,done);
liste^.next:=one_elem;
end;

procedure liste_typ.show;
var one_elem: listeptr;
begin
one_elem:=liste;
repeat
writeln(one_elem^.key);
one_elem:=one_elem^.next;
until one_elem=NIL;
end;

destructor liste_typ.done;
begin
end;

end.
```

---

```
program listest;

uses listrout;

type testptr = ^testtyp;
     testtyp = object (liste_typ)
               strasse     : string;
               stadt       : string;
               end;

var  liste,elem : testptr;

begin
New(liste,init);
liste^.key:='Pit';
New(elem,init);
elem^.key:='Roger';
liste^.add(liste,elem);
New(elem,init);
elem^.key:='Tucky';
liste^.add(liste,elem);

liste^.show(liste);

liste^.delete(liste);
dispose(liste,done);

end.
```

***Bild 1** Das Objekt Liste mit zugehörigen Methoden und kleinem Testprogramm*

```
type
books_typ = object (liste_typ)
  titel       : string;
  orgtitel    : string;
  bestellnr   : string;
end;
```

Die entstandene Objekthierarchie hätte nun folgendes Aussehen:

```
      liste
      /   \
buecher   books
```

Da sich beide neuen Listen nur durch ein zugefügtes Feld unterscheiden, wäre es einfacher, die letzte Liste direkt aus der vorigen zu erzeugen, und zwar mit

```
books_typ = object (buecher_typ)
  orgtitel : string;
end;
```

In diesem Fall entsteht folgende Objekthierarchie:

```
  liste
    |
 buecher
    |
  books
```

Es ist anzumerken, daß neue Objekte ihre Vorfahren stets vollständig enthalten; es können Daten und Methoden hinzugefügt oder umdefiniert (überlagert) werden – nie aber entfernt. In diesem Zusammenhang wurde auch die Zuweisungskompatibilität erweitert. In der Hierarchie höher stehenden Objekten können ihre Nachfahren zugewiesen werden (obwohl sie nicht typkompatibel sind), aber nicht umgekehrt. In Bild 1 wird das Objekt Liste einmal sehr einfach dargestellt. Eigene Ideen zur Erweiterung sind gefragt. Das zugehörige Testprogramm erweitert das Objekt mit einem Namen als Schlüssel um die Adresse (Stadt und Straße). Das Beispiel zeigt, wozu die Deklaration der Routine *show* als **VIRTUAL** dient. Jetzt wird nur der Name angezeigt; es wäre aber jederzeit möglich, eine erweiterte Prozedur gleichen Namens für das neue Objekt anzulegen, die an die neuen Aufgaben angepaßt ist (Anzeige der vollständigen Adresse).

Für den expliziten Zugriff auf Komponenten des eigenen Objekts kann der *Self*-Operator verwendet werden. Ist das Zielobjekt eindeutig bestimmt, so kann er auch weggelassen werden. Beim Zugriff auf Komponenten anderer Objekte müssen diese ähnlich wie bei Records qualifiziert werden.

*Beispiele:*

**obj1.feld** – Zugriff auf die Komponente *feld* von *obj1*

**self.feld** – Zugriff auf die Komponente *feld* des *eigenen* Objekts

Auf die Bedeutung der **CONSTRUCTOR**-Routine im Zusammenhang mit virtuellen Objekten wurde bereits hingewiesen; es kann sich hierbei um eine leere (Dummy-) Routine handeln. Zum Entfernen von Listenelementen aus dem Speicher muß eine weitere Routine als **DESTRUCTOR** definiert werden, die im Zusammenhang mit der Dispose-Funktion die Größe der Objekte bereitstellt, was aufgrund der virtuellen Methoden komplizierter ist, als bei Turbo 5.0 /1/.

Noch einmal Klartext: Eine **CONSTRUCTOR**-Routine muß stets bei Verwendung von **VIRTUAL**-Prozeduren vorgesehen werden – unabhängig davon, ob im Speicher dynamisch (mit Listen) gearbeitet wird oder nicht. Eine DESTRUCTOR-Routine dagegen ist nur nötig, wenn Objekte als dynamische Strukturen im Speicher freigegeben werden sollen.

Eine kleine Einschränkung beim Umdefinieren von Routinen gibt es allerdings: Der Kopf (einschließlich Parameter) muß identisch mit der ursprünglich deklarierten Routine sein. Ein Ausweg ist aber auch hier möglich: Der Definition einer zusätzlichen Routine mit geändertem Prozedurkopf steht nichts im Wege.

Die wirklichen Vorteile virtueller Methoden kommen im vorangegangenen Beispiel leider nicht ausreichend zur Geltung. Schauen wir uns deshalb einmal den folgenden Fall an: Eine Routine überträgt einen Block über die serielle Schnittstelle. Da es sich um Texte handelt, wird eine Prozedur verwendet, die eine Zeile sendet und wiederum eine Prozedur zum Senden eines Zeichens nutzt (Programmrahmen für unit *sendrout* in Bild 2). Das Programm *testalt* ruft diese Unit auf. Soll nun die Übertragung über eine andere Schnittstelle erfolgen, so wäre es ausreichend, die Zeichenübertragungsroutine zu ändern. Ist der Quelltext vorhanden, so kann die Routine dort ausgetauscht werden, wenn nicht, muß alles neu programmiert werden. Eine Deklaration als **VIRTUAL** ermöglicht die Neudefinition nur der innersten Routine ohne Neukompilation der unit *sendrout*. Damit werden grundsätzliche Prinzipien prozeduraler Programmierung außer Kraft gesetzt – nämlich die der lokalen Gültigkeit von Prozeduren und Funktionen!

Die wenigen Beispiele zeigen bereits die vielen neuen Möglichkeiten. Wenn bis jetzt nur von Prozeduren die Rede war, so sei hinzugefügt, daß selbstverständlich auch Funktionen in gleicher Weise genutzt werden können.

Besonders beeindruckend ist die Behandlung graphischer Objekte /1/. Es ist durchaus möglich, konsequent objektorientiert zu programmieren und auf Datenzugriffe weitestgehend zu verzichten. Statt einer Zuweisung der Art

**buecher^.key:='Graham Greene';**

muß dafür eine eigene Methode definiert werden:

**procedure buecher.fill('Graham Greene', ...);**

Die Frage, inwieweit diese Methode sinnvoll ist und wann sie ausschließlich zum Programmoverhead führt, ist von jedem Programmierer selbst zu beantworten.

## Zusammenfassung

Turbo-Pascal 5.5 ist, wie bereits erwähnt, vollständig kompatibel zur Version 5.0 und wurde um nur 4 Schlüsselworte erweitert:

**OBJECT**
**VIRTUAL**
**CONSTRUCTOR**
**DESTRUCTOR**

In Verbindung damit ist die Syntax der Standardprozeduren *New* und *Dispose* erweitert worden. Eine weitere Verbesserung betrifft die Overlaytechnik. Der Puffer ist jetzt als Ringpuffer organisiert, was zu einer Optimierung der Einlagerungszugriffe genutzt werden kann. Dafür gibt es zwei neue Standardprozeduren. Ferner ist jetzt ein Nachladen aus dem EXE-File möglich.

Der On-Line-Debugger präsentiert sich um objektorientierte Optionen erweitert und das Help-System ist weiter verfeinert worden. Als Stand-Alone-Debugger wird die neue Version 1.5 des Turbo-Debuggers geliefert (im Turbo-Assembler-Paket), mit dem beispielsweise der Objektbaum graphisch dargestellt werden kann (Bild 3).

Turbo-Pascal 5.5 beinhaltet die grundlegenden Ideen objektorientierter Programmierung: Kapselung, Vererbung und Polymorphie. Im Objekt-Typ, der dem Record-Typ nahe verwandt ist, werden Daten und Algorithmen (Methoden genannt) gemeinsam deklariert. Die Methoden sind also an die Daten gebunden. Für dieses Vorgehen steht der Begriff *Kapselung*. Wie bereits erwähnt, wird die Kapselung nicht erzwungen; ein direkter Datenzugriff ist weiterhin möglich.

```
unit sendrout; (* unit mit Senderoutinen *)

interface

type block = object
     buffer:string;
     constructor init;
     procedure send_buffer; virtual;
     procedure send_line; virtual;
     procedure send_char; virtual;
     end;

implementation

(* Dummyroutine, nur als Constructor *)
constructor block.init;
begin
end;

(* Soll ein Zeichen uebertragen, zum Test
   erfolgt nur eine Ausschrift *)

procedure block.send_char;
begin writeln('Alte Routine');
end;

procedure block.send_line;
begin
.
send_char;
.
end;

procedure block.send_buffer;
begin
.
send_line;
.
end;

end.
```

```
program sendalt;

uses sendrout;

var buffer: block;

begin
buffer.init;
buffer.send_buffer;
end.
```

```
program sendneu;
(* definiert eine eigene Routine
   und ruft diese auf              *)

uses sendrout;

(* Definieren eines neuen Objektes, dass die Routinen
   send_buffer und send_line erbt, waehrend send_char
   neu implementiert wird *)

type newblock = object (block)
                procedure send_char; virtual;
                end;

var buffer:newblock;

procedure newblock.send_char;
begin writeln('Neue Routine');
end;

begin
buffer.init;
buffer.send_buffer;
end.
```

***Bild 2 Beispiel für die vorteilhafte Verwendung virtueller Methoden***

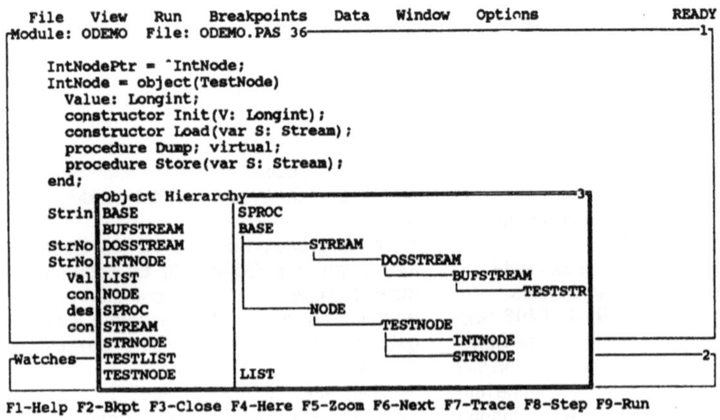


***Bild 3* Der Turbo-Debugger stellt den Objektbaum grafisch dar**

Die Beispiele haben gezeigt, wie auf verschiedenen Ebenen der Objekthierarchie gleichnamige Prozeduren unterschiedlich implementiert sein können, was als *Polymorphie* (griechisch: Vielgestaltigkeit) bezeichnet wird. Wichtig ist die Aussage, daß die Zuordnung zum Zeitpunkt des Compilerens nicht bekannt sein muß, was Änderungen an Software ermöglicht, die als Objektcode vorliegt. In Gegensatz zu C++ erlaubt Turbo-Pascal kein Überladen der Standardoperatoren.

Die *Vererbung* bewirkt, daß einmal programmierte Datenstrukturen und Unterprogramme auch in nachfolgend definierten Objekten Verwendung finden können – Zufügen und Umdefinieren eingeschlossen. Grundlage dafür ist die Einteilung der Objektstrukturen in Klassen. Jede Klasse enthält alle Eigenschaften übergeordneter Klassen als Gemeinsamkeiten; Unterschiede werden neu hinzugefügt. Es handelt sich hier um einen Vorgang, wie er bei jeder Einordnung neuer Elemente in bestehende Strukturen üblich ist.

Noch ein Wort zum ebenfalls jüngst erschienenen Quick-Pascal 1.0. Es ist vollständig kompatibel zu Turbo 5.0 und enthält vergleichbare objektorientierte Erweiterungen wie Turbo 5.5. Hier aber bestehen geringfügige syntaktische Differenzen.

**Literatur**


/1/ Heimsoeth Software GmbH & Co Produktions- und Vertriebs-KG: Handbuch Turbo-Pascal, Version 5.5, München 1989

/2/ Mittendorfer, J.: Smalltalk – Die Hintergründe der objektorientierten Programmierung. mc, München (1989) 3

/3/ Dohmen, N.: Objekt mit Zukunft. mc, München (1989) 9

/4/ Stal, M.: Turbo-Pascal 5.5 und Quick-Pascal. CHIP, München (1989) 7

/5/ js/mti: Feiner Unterschied – Turbo Pascal und Quick-Pascal. PC Praxis (1989) 9

/6/ Zerbe, K.: Pascal Plus Plus. c't, Hannover (1989) 9


## Wegbereiter der Informatik

# SIR WILLIAM THOMSON (LORD KELVIN)

*** 1824 Belfast**
**† 1907 Netherhall (Schottland)**

Wie sah der erste Analogrechner aus? Wie war er konstruiert, wie funktionierte er? Existiert noch das Original oder ein Modell? Diese Fragen sind vorerst noch offen. So viel ist jedoch sicher: Zur Entwicklung der Analogrechentechnik hat der englische Physiker Sir William Thomson einen entscheidenden und wegbereitenden Beitrag geleistet. Und zwar hat er das grundlegende analogrechentechnische Programmierprinzip zur Lösung gewöhnlicher Differentialgleichungen angegeben, das ganz wesentlich auf dem Rückkopplungsprinzip beruht und bis heute verwendet wird.

In den Mitteilungen der Londoner Royal Society, den Proceedings vom Jahre 1876, schreibt Thomson, daß er viel Mühe darauf verwendet habe, einen mechanischen Integrierer zu konzipieren; er erwähnt dabei mehrmals einen „Platten-, Kugel- und Zylinderintegrierer" seines Bruders, dem vermutlich die technische Realisierung zu verdanken ist. Es folgen dann ausführliche Hinweise, wie für gewöhnliche lineare Differentialgleichungen 2. Ordnung das Rückkopplungsprinzip mit Hilfe zweier Integrierer verwirklicht werden kann, sowie Begründungen für die Rechtfertigung dieses Prinzips. Außerdem wird das Lösungsprinzip noch auf gewöhnliche lineare Differentialgleichungen höherer Ordnung mit variablen Koeffizienten übertragen und schließlich für nichtlineare Differentialgleichungen erweitert.

Studiert hat Thomson 1834–45 an den Universitäten Glasgow und Cambridge, danach arbeitete er ein Jahr in Paris bei dem Physiker und Chemiker Henri Victor Renault (1810–78). In den Jahren 1846–99 war er in Glasgow Professor für Theoretische Physik, 1851 wurde er Mitglied der Royal Society und war 1890–95 deren Präsident. Ab 1896 war er Ehrenmitglied der Petersburger Akademie. Für seine wissenschaftlichen Verdienste wurde er 1892 zum *Lord Kelvin of Largs* geadelt.

Schon als Student veröffentlichte Thomson einige Arbeiten über die Anwendung von Fourierreihen bei verschiedenen Problemen der Physik. Nahezu gleichzeitig mit R. J. E. Clausius (1822–88) formulierte er 1851 den *2. Hauptsatz der Thermodynamik.* Zusammen mit J. P. Joule (1818–89) untersuchte er 1853–54 die Temperaturänderung von Gasen bei Expansion ohne äußere Arbeitsleistung; dabei wurde der *Joule-Thomson-Effekt* gefunden, der die Grundlage der technischen Gasverflüssigung darstellt. Des weiteren erforschte Thomson die induktiven und kapazitiven Eigenschaften von Überseekabeln, für die er eine Theorie der elektromagnetischen Schwingungen ausarbeitete *(Thomsonsche Formel).* Er befaßte sich auch mit verschiedenen Fragen der Hydrodynamik, der Geophysik und der Astrophysik. Von ihm stammt die Hypothese vom dereinst eintretenden Wärmetod des Weltalls.

Thomson stellte eine wissenschaftlich begründete Definition der (heute in Kelvingraden angegebenen) absoluten Temperatur auf und konstruierte verschiedene physikalische Meßgeräte, zum Beispiel das Quadranten-Elektrometer. Er verbesserte auch das Spiegelgalvanometer und den Magnetkompaß.

*Dr. Klaus Biener*

## TERMINE

**V. Informatik-Kolloquium „Computergrafik in CAE-Systemen"**

**WER?** Technische Hochschule „Carl Schorlemmer" Merseburg
**WANN?** 29. März 1990
**WO?** Merseburg
**WAS?**
- Einsatz der grafischen und der Geometriedatenverarbeitung im Ingenieurwesen
- Integration der Computergrafik in CAE-Systemen

**WIE?** Interessenten wenden sich bitte an die Technische Hochschule „Carl Schorlemmer" Merseburg, Rechenzentrum, Otto-Nuschke-Straße, Merseburg, 4200; Tel. 46 29 87 oder 46 29 62.

*Dr. Reinemann*

**Anwendersymposium Rechnernetze**

**WER?** Wissenschaftlich-Technische Gesellschaft für Meß- und Automatisierungstechnik und VEB Robotron-Vertrieb Berlin
**WANN?** 6. bis 7. März 1990
**WO?** Rathaus der Stadt Dresden, Festsaal
**WAS?**
- Gateways (ohne ESER-LANs)
- ESER-LANs
- Bürodienste Rolanet 1
- Datennetz der Deutschen Post Post/WANs
- Einsatz von Lichtwellenleitern im Rolanet

**WIE?** Teilnahmemeldungen bitte schriftlich an: Präsidium der KDT, WGMA, PSF 1315, Berlin, 1086; Tel. 2 26 53 04, 2 26 52 18 *Müller*

# Einführung in Forth-83

Teil 6

**Dr. Hartmut Pfüller (Leiter),
Dr. Wolfgang Drewelow,
Dr. Bernhard Lampe, Ralf Neuthe,
Egmont Woitzel, Rostock**

## 6. Das Forth-Dialogsystem

### 6.1. Die Struktur des Dialogsystems

Zum Dialogsystem zählt man alle diejenigen Worte, die – grob gesagt – zum Komplex der Ablaufsteuerung für die Kommunikation gehören. Das sind der Kaltstart, der Textinterpreter und das Fehlersystem.

#### *6.1.1. Initialisierung*

Beim Start eines Forth-Systems muß zuerst dessen Initialisierung vorgenommen werden. Diese Aufgabe übernimmt in der Regel das Wort **COLD**. Dessen Anwesenheit ist im Standard Forth-83 zwar nicht vorgeschrieben, es ist aber in fast jedem System vorhanden. COLD ist der Hochwort-Eintrittspunkt für den Systemstart. Im wesentlichen werden damit die Speicheraufteilung festgelegt, das System nach den Festlegungen aus dem Boot-Bereich voreingestellt, die Stapel initialisiert, eine Systemausschrift zum Ausgabegerät gesendet und schließlich die Steuerung an den Textinterpreter übergeben.

#### *6.1.2. Dialogführung*

Der Dialog mit dem Bediener erfolgt unter Steuerung des Textinterpreters **QUIT**. Der Standard verlangt, daß QUIT den Rückkehrstapel säubert, den Ausführmodus einschaltet, die Eingabebereitschaft über das aktuelle Eingabegerät herstellt und die Wortinterpretation durchführt.
Innerhalb dieser Richtlinien kann der Rahmenablauf weitgehend variiert werden. Eine mögliche Variante ist im Bild 6.1 dargestellt. Hier wird QUIT mit der **DOER-MAKE**-Konstruktion /1/ vektoriert ausgeführt. Damit ist der gesamte Textinterpreter auch für Fachsprachen, die für Forth untypisch sind, komplett austauschbar.

#### *6.1.3. Der Eingabestrom*

Der Eingabestrom ist die Zeichenfolge, die vom Textinterpreter des Systems verarbeitet wird. Er kann sowohl vom aktuellen Eingabegerät (über den Texteingabepuffer) als auch vom Massenspeicher (über einen Blockpuffer) geholt werden. **BLK >IN TIB #TIB** spezifizieren den Eingabestrom. Worte, die auf BLK >IN TIB #TIB zugreifen oder deren Inhalte verändern, sind verantwortlich für das Aufrechterhalten (Sichern) und das Rückspeichern der Informationen zur Steuerung des Eingabestromes /2/.
Woher der Eingabestrom zu entnehmen ist, wird durch die Variable **BLK** spezifiziert. Sie enthält die Nummer des entsprechenden Massenspeicherblockes oder eine Null, wenn der Eingabestrom aus dem Texteingabepuffer kommen soll. Die Anfangsadresse dieses Texteingabepuffers kann mit **TIB** (Terminal-Input-Buffer) geholt werden. In der Variablen **#TIB** wird die aktuelle Anzahl der dort vorhandenen gültigen Bytes gehalten.
Die sequentielle Entnahme von Zeichenketten wird durch die Variable **>IN** unterstützt. Sie enthält den aktuellen Zeichenoffset zu der Stelle, an der die nächste Entnahme (aus dem Block- oder dem Texteingabepuffer) erfolgen kann. Bild 6.2 zeigt das Zusammenspiel der Worte.
**WORD** ist das zentrale Wort für die zerstörungsfreie Entnahme von Teilzeichenketten (typischerweise Namen oder Zahlen) aus dem aktuellen Eingabestrom. Dafür verwendet WORD ein Begrenzerzeichen, das ihm als Parameter auf dem Stapel übergeben wird. Vor der Kette befindliche Begrenzerzeichen werden übergangen, das entspricht einem Herantasten an den interessierenden Teil. Danach werden so lange Zeichen entnommen, wie das Begrenzerzeichen nicht angetroffen wird. WORD stellt dann die Variable >IN auf die Stelle im Eingabestrom ein, die unmittelbar hinter dem abschließenden Begrenzerzeichen liegt. So ist mit einer erneuten Ausführung von WORD die nächste Kette erreichbar. Ist der Eingabestrom erschöpft, liefert WORD eine leere Kette (Zählbyte = 0). WORD übergibt als Ergebnisparameter eine Adresse, die anzeigt, wo die separierte Kette im Standardformat abholbereit liegt.

#### *6.1.4. Fehlerbehandlung*

Das Fehlersystem von Forth achtet vor allem auf fatale Fehler wie Stapelunterlauf, verkehrte Verschachtelung von Steuerstrukturen, Wörterbuchüberlauf usw. Es schützt nicht vor Systemabstürzen infolge von liegengelassenen Parametern auf dem Rückkehrstapel oder nicht autorisiertem Überschreiben von Programmteilen.
Tests auf bestimmte Fehlerbedingungen können zu unterschiedlichen Zeitpunkten und in verschiedenen Worten stattfinden. Compilerworte wie **IF, ELSE** und **THEN** achten beispielsweise in vielen Systemen eigenständig auf ihre richtige Kombination.
Dem Anwender stellt Forth das Wort **ABORT"** zur Verfügung. Es wird in der Form

**Flag ABORT" Fehlertext"**

verwendet. Ist das Flag falsch, wird mit der Bearbeitung hinter ABORT"..." fortgesetzt. Ansonsten erfolgt die Ausgabe des Fehlertextes und der Eintritt in die Fehlerroutine ABORT.

### 6.2. Beispiel: Universeller Server und lernender Klient

Mit einem etwas größeren Programmbeispiel soll der Kurs Forth-83 nun beendet werden. Ausgewählt wurde hierfür eine Rechnerkopplung (A 5120 und A 7150) über IFFS-Leitung, wobei Kopplungen BC – BC, BC – AC oder AC – AC möglich sind. Obwohl das für diesen Kurs als Prinzipdemonstration entwickelte Programm in vieler Hinsicht perfektioniert werden kann, haben Versuche gezeigt, daß es auch in dieser Version mit praktischem Nutzen einsetzbar ist.

#### *6.2.1. Ausgangspunkt*

In Rechnernetzen ist es üblich, daß ein oder mehrere Rechner als sogenannte Server (etwa soviel wie Diener) fungieren. Ihre Aufgabe ist die Ausführung bestimmter Dienste, die über das Netz angefordert werden können (z. B. Recherchen in Datenbanken). Zu diesem Zweck muß ein Rechner über die Kommunikationsverbindung Aktionen auf einem anderen Rechner auslösen können. Das hier vorgestellte Programm zeigt, wie solche Dienste via Schnittstelle abgefordert werden können.

#### *6.2.2. Das Konzept*

Im Beispiel werden zwei Rechner bidirektional miteinander verbunden. Einer erhält das Rahmenprogramm für den Server und der andere das für den Klienten.
Zuerst muß auf dem Server der Loginprozeß

```
MAKE QUIT     ( QUIT ist ein DOER, der folgendes machen soll: )
>SYSTEM       ( Einschalten des Systemmodus                   )
CHECK         ( testen, ob alles in Ordnung ist; ggf. Ordnung )
              ( herstellen [z. B. Stapelüberlauf korrigieren] )
[COMPILE] [   ( Ausführmodus einschalten                      )
BEGIN         ( Beginn der Endlosschleife des Textinterpreters)
  RP0 RP!     ( Initialisierung des Rückkehrstapels           )
  PROMPT      ( Eingabebereitschaft signalisieren             )
  QUERY       ( Entgegennahme der Eingaben                    )
  >PROCESS    ( Nutzermodus aktivieren                        )
  INTERPRET   ( eigentliche Interpretation des empfangenen    )
              ( Textes; Ausführung/Kompilation und Fehler-    )
              ( test, ggf. Ausstieg zum Fehlersystem          )
  >SYSTEM     ( Umschaltung auf Systemmodus                   )
  ANSWER      ( Antwort, daß kein Fehler bemerkt wurde        )
AGAIN         ( unbedingt zurück zum Anfang der Schleife      )
;             ( dieses Semikolon wird deshalb nie erreicht    )
```

*Bild 6.1 Kodierung von QUIT bei comFORTH 2*

```
BLK    |        =0          |          <>0
       | Entnahme des Eingabestroms erfolgt aus dem
       | Texteingabepuffer  |      Blockpuffer
-------+--------------------+---------------------------
adr    |        TIB         | Blockpufferadresse
#byte  |        #TIB        | 1024=Blocklänge


----------------------------------------------------------
 |            |                        |
 |entnommen   |nächster  übernächster  |ungültig
 |            |                        |
----------------------------------------------------------
 ^            ^                         ^
 |            |                         |
adr        adr+>IN                 adr+#byte
```

*Bild 6.2 Herkunft des Eingabestroms (oben) und Zählweise der entnommenen Zeichen (unten)*

(**LOGIN** auf der Datei SERVER.CF2) gestartet werden. Das gibt dem Klienten die Möglichkeit zur Aufnahme der Verbindung (ebenfalls mit LOGIN; Datei CLIENT.CF2). In unserem Beispiel erwartet der Server als erste Mitteilung ein Byte, das als Kennungsnummer des jeweiligen Klienten angesehen wird. Nach dessen Eintreffen wird zuerst die Codefeldadresse des Wortes **SFIND** und dann ein Quittungsbyte „Null" an den Klienten übermittelt; anschließend wird der Serverbetrieb durch **SERVE** aufgenommen. Von nun an kann der Klient den Server zu beliebigen Aktionen (Ausführung von Forthworten) anregen. Dafür findet die folgende Methode Verwendung:
Der Klient wartet aktiv auf die Quittung „Null" vom Server und beginnt dann mit dem Senden von 16 Bit. Der Server befindet sich im Wort SERVE, wo die entgegengenommene Zahl als eine Codefeldadresse angesehen und das entsprechende Wort per **EXECUTE** ausgeführt wird. Anschließend wird wieder eine Null als Quittung an den Klienten zurückgesendet, die diesem die Bereitschaft für neue Serverdienste signalisiert.
Der Klient ist in der Lage, noch unbekannte Codefeldadressen in Erfahrung zu bringen, er kann so lernen, Dienst für Dienst rationeller als über den Namen in Anspruch zu nehmen. Dazu löst er zuerst die Ausführung des Serverwortes SFIND (siehe Datei CLIENT.CF2) aus. Danach wird mit **PUTS** der Name des zu suchenden Wortes als Zeichenkette übermittelt, die der Server mit **GETS** abholt und mit FIND in seinem Wörterbuch sucht. Als Ergebnis der Suche übergibt der Server zwei Zahlen mittels **PUT PUT** an den Klienten, der sie mit **GET GET** entgegennimmt. Ob das gesuchte Wort im Server gefunden werden konnte, zeigt im Klienten die Zahl auf dem Stapel als Flag an. Ist es „wahr", liegt auf dem SOS (second of stack) die dazugehörige Codefeldadresse, andernfalls ein uninteressanter Wert.
Damit der Bediener mit dem hier erläuterten Mechanismus nicht belastet wird, steht ihm das Definitionswort **SERVICE:** für die bequeme Inanspruchnahme von dem Namen nach bekannten Serverdiensten zur Verfügung. Es wird wir folgt benutzt:

**SERVICE: Dienstname Serverwort**

Nach der Definition von „Dienstname" kann durch dessen Aufruf die Ausführung des dazugehörigen „Serverwortes" veranlaßt werden. Bei der Definition von „Dienstname" wird im Klienten ein neuer Wörterbucheintrag eingerichtet. In dessen Parameterfeld befinden sich 2 Byte für ein Feld zur Aufnahme in die Liste aller Servicedienste (Ankerfeld **SERVICE^**), 2 Byte (mit Null initialisiert) zum Abspeichern der vom Server übermittelten Codefeldadresse und einige weitere Bytes für den Namen des korrespondierenden Serverwortes als Zeichenkette. Bei Aufruf von „Dienstname" (**DOES>**-Teil von SERVICE:) wird zuerst nachgeschaut, ob sich in der Zelle für die Codefeldadresse bereits ein von Null verschiedener Wert befindet. In diesem Fall kann sofort die Ausführung des Dienstes veranlaßt werden; andernfalls wird die Codefeldadresse erst mit SFIND in Erfahrung gebracht.

Das Wort **LOGOFF** ermöglicht ein Abmelden des Klienten vom Server. Dazu werden auf dem Server der Loginprozeß neu gestartet und anschließend die Codefeldadressen aller Serverdienste im Klienten mit Null überschrieben. So ist ein Wechsel des Servers möglich, ohne daß Konflikte aufgrund verschiedener Codefeldadressen für die einzelnen Dienste auftreten.

*6.2.3. Zum Programmaufbau*

Die Software beider Kommunikationspartner besteht im wesentlichen aus drei aufeinander aufbauenden Schichten. In der untersten Schicht wird die physische Bedienung der Schnittstelle ermöglicht. Dazu gehören die Funktionen **TX** „Byte senden", **TX?** „Senderstatus", **RX** „Byte empfangen", **RX?** „Empfängerstatus" und **0!X** „Schnittstelle initialisieren". Sie sind auf den Dateien IFSS5120.CF2 für den Bürocomputer A 5120 und IFSS 7150.CF2 für den Arbeitsplatzcomputer A 7150 codiert. Eine besondere Aufgabe kommt der physischen Initialisierung zu. Durch sie müssen (noch vor dem logischen LOGIN) nicht nur die Schnittstellen auf den gewünschten Sende- und Empfangsmodus eingestellt, sondern auch das „Einrasten" vollzogen werden. Das ist notwendig, da nach der Initialisierung der Peripheriebausteine die Sendepuffer nicht in jedem Fall leer sind.
In der zweiten Schicht (Datei TRANSFER.CF2) wird das überwachte Senden und Empfangen von Bytes (**CPUT** und **CGET**), von Worten (PUT und GET) und von Zeichenketten (PUTS und GETS) durchgeführt. Nur in der obersten Schicht unterscheiden sich die Programme von Server (SERVER!CF2) und Klient (CLIENT.CF2).

*6.2.4. Ein Sitzungsbeispiel*

Zuerst ist auf beiden Rechnern die Schnittstelle physisch mit **ALSO COM 0!X** zu initialisieren. Danach muß auf dem Server durch Aufruf des Wortes LOGIN der Loginprozeß gestartet werden. Damit ist der Server für den Klienten verfügbar. Von nun an arbeitet der Server ferngesteuert, und vom Klienten aus kann die Verbindung mit

**12 LOGIN*(cr) ok***

aufgebaut werden, wobei die 12 die Kennung des Klienten darstellen soll.

Im folgenden Benutzungsbeispiel ist es das Ziel, einen Block vom Massenspeicher des Servers zu lesen und zum Klienten zu übertragen. Das erfordert erst noch die Vereinbarung eines Dienstes für die Aktion „Block lesen":

**SERVICE: SBLOCK BLOCK*(cr) ok***

Nach der Übermittlung einer Blocknummer (hier 33) kann der Klient den Dienst **SBLOCK** veranlassen:

**33 >S SBLOCK*(cr) ok***

Zur Übertragung des Speicherblocks zum Klienten sind noch die Parameter für **SPUTS** (PUTS auf dem Server) bereitzustellen. Die Anfangsadresse des zu übertragenden Datenbereichs von BLOCK liegt dort noch auf dem Stapel. Die Anzahl der zu sendenden Bytes entspricht der Länge eines Massenspeicherblocks (gleich 1024) und muß mit **>S** zum Stapel des Servers transferiert werden, bevor die Übertragung beginnen kann:

**1024 >S SPUTS*(cr) ok***

Mit GETS nimmt nun der Klient die Daten in Empfang:

**PAD 1024 GETS DROP*(cr) ok***

In diesem Beispiel wurden die Daten nach **PAD** gebracht. Die ganze Aktion ließe sich natürlich auch als Programm in einem Forthwort definieren:

```
: BLOCK> (ps: n ===>) (Block empfangen)
  >S SBLOCK 1024 >S SPUTS
  PAD 1024 GETS DROP ;
```

Der Klient kann nun auf bequeme Weise beliebige Blöcke vom Server holen:

**33 BLOCK>*(cr) ok***

*Schluß*

**Literatur**

/1/ Brodie, L.: In Forth denken. München: Carl Hanser Verlag 1986

/2/ Vack, G.-U.: Der Standard FORTH-83. Suhl: Kammer der Technik 1987

✉ KONTAKT ☎

Wilhelm-Pieck-Universität Rostock, Sektion Technische Elektronik, Albert-Einstein-Straße 2, Rostock, 2500; Tel. 40 52 14

**Tafel 6 Kurzbeschreibung der Forthworte**

| Name | Stapeleffekt | Beschreibung |
|---|---|---|
| COLD | ( ===>) | Kaltstart, Initialisierung des Forthsystems |
| QUIT | ( ===>) | Ausführungsmodus, Eingabebereitschaft, Wortinterpretation beginnen |
| #TIB | ( ===> addr) | Variable, enthält Anzahl der Bytes im Texteingabepuffer |
| TIB | ( ===> addr) | Adresse des Texteingabepuffers, wo Zeichen vom Eingabestrom gepuffert sind |
| BLK | ( ===>) | Variable, enthält Nummer des Massenspeicherblocks oder 0 für Tastatur |
| >IN | ( ===>) | Variable, enthält aktuellen Zeichenoffset im Eingabestrom |
| WORD | ( c ===> addr) | anhand Trennzeichen c Teilzeichenkette aus Eingabe isolieren und nach addr schaffen |
| ABORT | ( ===>) | Parameterstapel säubern und Ausführen von QUIT |
| ABORT" | ( ? ===>) | Bei Ausführung vcn ABORT" text" wird bei ?=wahr text ausgegeben, dann ABORT. |

```
Datei A:CLIENT.LDR    Block 0
CLIENT                                              Stand: EW 25-Oct-89
===============================================================
                    Lader für den Klienten
===============================================================
```

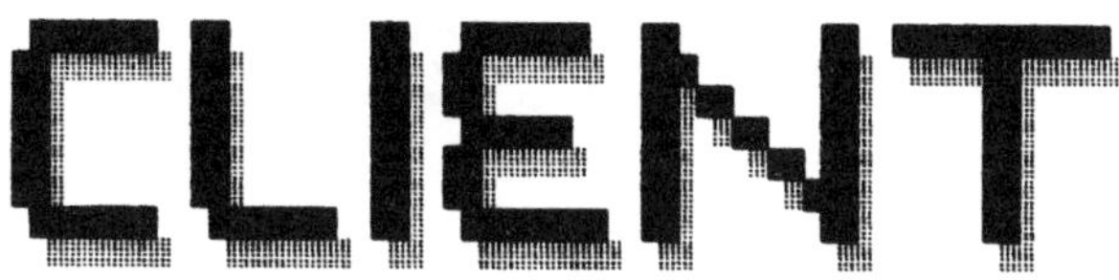

```
Datei A:SERVER.LDR    Block 1
\ Ladeblock
                                                         EW 25-Oct-89
 ONLY FORTH DEFINITIONS  DECIMAL

CR CR   .( -------- Lader fuer den Server )

        @:ASM86      1 INCLUDE    \ 8086-Assembler
        @:IFSS7150   1 INCLUDE    \ Schnittstellenbedienung
        @:TRANSFER   1 INCLUDE    \ Transferdienste
        @:SERVER     1 INCLUDE    \ Serverinterface

CR      .( -------- fertig )
CR
```

```
Datei A:CLIENT.CF2    Block 1
\ Rahmenprotokoll Klient                                 RN 30-Oct-89

 ONLY COM ALSO FORTH DEFINITIONS  DECIMAL

CR .( Warte ...lade Rahmenprotokoll Klient )

   2 5 THRU

CR .(          ...fertig )
CR

 ONLY FORTH DEFINITIONS
```

```
Datei A:CLIENT.CF2    Block 2
\     'SFIND LOGIN SEXECUTE SFIND                        EW 25-Oct-89

VARIABLE 'SFIND  ( cfa<SFIND> des Servers ) 'SFIND OFF

: LOGIN     ( ps: 8b ===> )( Klient 8b einloggen )
            ( Protokoll: t:8b r:addr )
            CPUT GET 'SFIND ! ;

: SEXECUTE ( ps: addr ===> )( auf Server ausfuehren )
            ( Protokoll: r:8b t:addr )( letzter Fehler! )
            CGET ?DUP IF ." Serverfehler " . QUIT THEN PUT ;

: SFIND     ( ps: addr ===> addr ? )( im Server suchen )
            ( Protokoll: ..sexecute.. t:s r:addr r:? )
            'SFIND @ ?DUP 0= ABORT" Server nicht geloggt"
            SEXECUTE COUNT PUTS GET GET ;
```

```
Datei A:CLIENT.CF2    Block 3
\     SERVICE^ SERVICE:                                  RN 30-Oct-89

VARIABLE SERVICE^ ( Anker Serviceliste )  SERVICE^ OFF

: SERVICE: ( ps: ===> )( ib: local-name remote-name )
            ( definiert Serverdienst local-name, im )
            ( Server wird remote-name ausgefuehrt )
            CREATE HERE  SERVICE^ DUP @ ,  !   0 ,
                   BL WORD C@ 1+ ALLOT DOES>
            ( ps: ===> )( Aufruf von remote-name in Server )
            DUP 2+ @ ?DUP            \ 'cf schon bekannt?
            IF   SWAP DROP
            ELSE DUP 4 + SFIND 0=
                 ABORT" unbekannter Dienst" DUP ROT 2+ !
            THEN SEXECUTE ;
```

```
Datei A:CLIENT.CF2    Block 4
\     Standard-Dienstleistungen                          RN 30-Oct-89

SERVICE: SCPUT  CPUT            SERVICE: SCGET  CGET
SERVICE:  SPUT   PUT            SERVICE:  SGET   GET
SERVICE:  SPUTS  PUTS           SERVICE:  SGETS  GETS
SERVICE: SLOGIN LOGIN

: >S ( ps: 16b ===> )( Transfer zum Server )
     ( Protokoll: ..sexecute.. t:16b )
     SGET  \ Abholen von 16 Bit durch den Server veranlassen
     PUT ; \ 16 Bit (vom Klientenstapel zum Serverstapel) senden

: S> ( ps: ===> 16b )( Transfer vom Server )
     ( Protokoll: ..sexecute.. r:16b )
     SPUT  \ Senden von 16 Bit durch den Server veranlassen
     GET ; \ 16 Bit (vom Serverstapel zum Klientenstapel) empf.
```

```
Datei A:CLIENT.CF2    Block 5
\     LOGOFF                                             RN 30-Oct-89

: LOGOFF ( ps: ===> )( Abmelden beim Server )
         ( Protokoll: ..sexecute.. ..login.. )
         SLOGIN  0 'SFIND !           \ Server-Restart
         SERVICE^ BEGIN  @ ?DUP       \ Listenende?
                  WHILE  0 OVER 2+ ! \ 'cf-Feld ruecksetzen
                  REPEAT ;
```

```
Datei A:IFSS7150.CF2  Block 1
\ Schnittstellenbedienung fuer A 7150                    RN 30-Oct-89

 ONLY FORTH DEFINITIONS  DECIMAL

CR .( Warte ...lade physische Schnittstellenbedienung )

   2 5 THRU

CR .(          ...fertig )
CR
```

```
Datei A:IFSS7150.CF2  Block 2
\     COM AWAIT 0!X
                                                         EW 25-Oct-89
ALSO ROOT DEFINITIONS   VOCABULARY COM
     COM  DEFINITIONS

CODE COM ( ps: ax dx ===> ax )( COM-Interrupt ansprechen )
          DX AX MOV, BX DX MOV,
          20 # INT,  \ Interrupt 14H - COM-Schnittstelle BIOS
          AX BX MOV, DX POP, NEXT,
          END-CODE

: IFSS    ( ps: ax ===> ax )( Kanal COM2 )
          1 COM ;
```

```
Datei A:IFSS7150.CF2  Block 3
\     SUBFUNCTION (0!IFSS) (>IFSS) (IFSS>) IFSS? ...EW 25-Oct-89

: SUBFUNCTION ( ps: 8b ===> )( ib: name )( Unterfunktion def.)
              CREATE C, DOES>
              ( ps: al ===> ax )( Funktion 8b an IFSS )
              C@ JOIN IFSS ;

0 SUBFUNCTION (0!IFSS)
1 SUBFUNCTION (>IFSS)
2 SUBFUNCTION (IFSS>)
3 SUBFUNCTION IFSS?

: RX     ( ps: ===> 8b )( Zeichen lesen )
         0 (IFSS>) 255 AND ;
: TX     ( ps: 8b ===> )( Zeichen schreiben )
         (>IFSS) DROP ;
```

```
Datei A:IFSS7150.CF2  Block 4
\     CTRL %RX? %TX? 0!IFSS RX? TX?                      HP 24-Oct-89

2 BASE !
11101011 CONSTANT CTRL ( Steuerwort: 8 Bit Daten, 1 Stop )
                       ( mit ungeradem Paritaetsbit )
0000000100000000 CONSTANT %RX? ( Empfangsdaten )
0010000000000000 CONSTANT %TX? ( Sender leer )

DECIMAL
: 0!IFSS ( ps: ===> )( Initialisierung )
          CTRL (0!IFSS) DROP ;
: RX? ( ps: ===> ? )( ungleich Null bei Empfangsdaten vorh. )
      0 IFSS? %RX? AND ;
: TX? ( ps: ===> ? )( ungleich Null bei Sender leer )
      0 IFSS? %TX? AND ;
```

```
Datei A:IFSS7150.CF2  Block 5
\ Initialisieren der Serverschnittstelle                 HP 24-Oct-89

HEX

: 0!X     ( ps: ===> )( Initialisierung der Schnittstelle )
          ( zusammen mit Einrasten )
          0!IFSS 5 0 DO 0 TX LOOP 55 TX ;

DECIMAL
```

```
Datei A:SERVER.LDR    Block 0
SERVER                                          Stand: EW 25-Oct-89
===================================================================
                       Lader für den Server
===================================================================
```

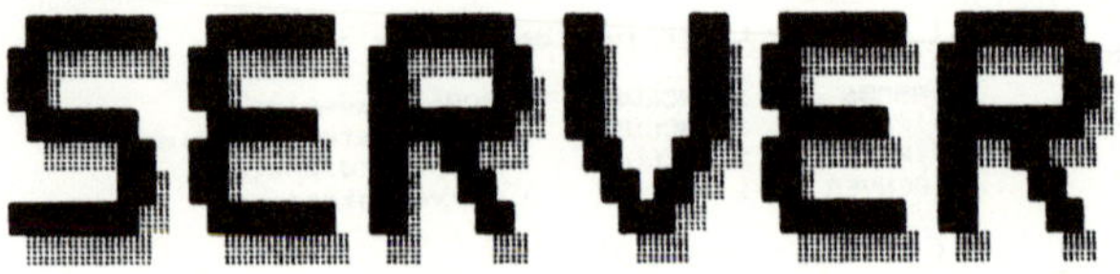

```
Datei A:CLIENT.LDR    Block 1
\ Ladeblock                                          EW 25-Oct-89
 ONLY FORTH DEFINITIONS  DECIMAL
CR CR  .( -------- Lader fuer den Klienten )
       @:IFSS5120   1 INCLUDE   \ Schnittstellenbedienung
       @:TRANSFER   1 INCLUDE   \ Transferdienste
       @:CLIENT     1 INCLUDE   \ Rahmenprotokoll Klient
CR     .( -------- fertig )
CR
```

```
Datei A:IFSS5120.CF2  Block 1
\ Schnittstellenbedienung fuer A 5120               RN 30-Oct-89
 ONLY FORTH DEFINITIONS  HEX
CR .( Warte ...lade physische Schnittstellenbedienung )
   2 4 THRU
CR .(         ...fertig )
CR
 ONLY FORTH DEFINITIONS  DECIMAL
\S ---------------------------------------------------------------
SIO auf der ASS des BC 5120, DFUe-Kanal: Tornummern 52H und 53H
Am Koppelbus ist eine Wickelverbindung vom CTC der ZRE zur SIO
der ASS erforderlich.
```

```
Datei A:IFSS5120.CF2  Block 2
\ COM Tornummern & Initialisieren PIO, CTC          RN 30-Oct-89
\ kleines Glossar fuer die Bedienung der Tore:
\ CP!  ( ps: 8b port ===> )  Torausgabe von 8b auf "port"
\ CP@  ( ps: port ===> 8b )  8b lesen vom Tor "port"
ALSO ROOT DEFINITIONS   VOCABULARY COM
     COM  DEFINITIONS
52 CONSTANT SIO    ( Datentor der SIO )
53 CONSTANT PSIO   ( Programmier- & Statustor der SIO )
OC CONSTANT CTC    ( Tor Kanal 0 des CTC auf ZRE K 2526 )
: SIOINIT    ( ps: ===> )
  OEA 05 OC1 3 0 1 45 4 18 ( Reset)  9 0 DO PSIO CP! LOOP ;
: CTCINIT    ( ps: ===> )              17 CTC CP!   1 CTC CP! ;
```

```
Datei A:IFSS5120.CF2  Block 3
\ RX? TX? RX TX                                     HP 24-Oct-89
: RX?    ( -- ?)( wahr, falls Zeichen eingegangen & abholbereit)
  PSIO CP@ 1 AND ;
: TX?    ( -- ?)( wahr, falls Sender frei & senden moeglich)
  PSIO CP@ 4 AND ;
: RX     ( -- c)( eingegangenes Zeichen aus Empfangspuffer lesen)
  SIO CP@ ;
: TX     ( c --)( Zeichen zum Senden in Sendepuffer schreiben)
  SIO CP! ;
```

```
Datei A:IFSS5120.CF2  Block 4
\ Einrasten der Schnittstelle                       RN 30-Oct-89
: O!X    ( ps: ===> )( Initialisierung der Schnittstelle )
         ( zusammen mit Einrasten )
  CTCINIT SIOINIT
  BEGIN BEGIN RX? UNTIL RX  O= UNTIL
  BEGIN BEGIN RX? UNTIL RX 55 = UNTIL ;
```

```
Datei A:SERVER.CF2    Block 1
\ Rahmenprotokoll Serverinterface                   RN 30-Oct-89
 ONLY COM ALSO FORTH DEFINITIONS  DECIMAL
CR .( Warte ...lade Rahmenprotokoll Server )
   2 3 THRU
CR .(         ...fertig )
CR
 ONLY FORTH DEFINITIONS
```

```
Datei A:TRANSFER.CF2  Block 1
\ Transferdienste                                   RN 30-Oct-89
 ONLY FORTH ALSO COM DEFINITIONS  DECIMAL
CR .( Warte ...lade Transferfunktionen )
   2 3 THRU
CR .(         ...fertig )
CR
 ONLY FORTH DEFINITIONS
```

```
Datei A:SERVER.CF2    Block 2
\    ERROR? SERVE                                   RN 30-Oct-89
: ERROR?  ( ps: ===> 8b )( ermittelt Fehlernummern )
  0 ;     ( erster Ansatz: Eigentest immer in Ordnung )
: SERVE ( ps: ===> ... )( Dienstleistungen ueber Interface )
        ( Protokoll: r:addr ... t:8b )
        RPO RP!              \ Rueckkehrstapel initialisieren
        BEGIN  GET EXECUTE   \ Dienstleistung annehmen
               ERROR? CPUT   \ Eigentest und Quittung senden
        AGAIN  ;
```

```
Datei A:TRANSFER.CF2  Block 2
\     (CPUT) (CGET) CPUT CGET PUT GET               RN 30-Oct-89
\ SPLIT   ( ps: 16b ===> 8b-low 8b-high )  16b in 2x 8b zerlegen
\ JOIN    ( ps: 8b-low 8b-high ===> 16b )  2x 8b zusammenfuegen
: (CPUT) ( ps: 8b ===> )( synchronisiertes Senden )
         BEGIN  TX?  UNTIL  TX ;
: (CGET) ( ps: ===> 8b )( synchronisierter Empfang )
         BEGIN  RX?  UNTIL  RX ;
: CPUT   ( ps: 8b ===> )( ueberwachtes Senden )
         DUP (CPUT) (CGET) - ABORT" Uebertragungsfehler" ;
: CGET   ( ps: ===> 8b )( ueberwachter Empfang )
         (CGET) DUP (CPUT) ;
:  PUT   ( ps: 16b ===> )( Wort senden )
         SPLIT SWAP CPUT CPUT ;
:  GET   ( ps: ===> 16b )( Wort empfangen )
         CGET CGET JOIN ;
```

```
Datei A:SERVER.CF2    Block 3
\    SFIND CLIENT# LOGIN                            RN 30-Oct-89
: SFIND   ( ps: ===> )( 'cf-Suche ueber Interface )
          ( Protokoll: r:s t:addr t:? )
          PAD 1+ DUP 32 BLANK        \ PAD mit Leerzeichen fuellen
          31 GETS PAD C!             \ Wortname zum PAD empfangen
          PAD FIND SWAP PUT PUT ; \ Wort suchen; Ergebnis senden
 VARIABLE CLIENT#
: LOGIN   ( ps: ===> )( Verbindung mit Klienten aufbauen )
          ( Protokoll: r:8b t:addr t:8b ..serve.. )
          CGET CLIENT# C!    \ Nr. des Klienten holen & merken
          ['] SFIND PUT      \ 'cf von SFIND senden
          0 CPUT             \ Blindquittung senden
          SERVE ;            \ Serverbetrieb aufnehmen
```

```
Datei A:TRANSFER.CF2  Block 3
\     PUTS GETS                                     RN 31-Oct-89
: PUTS ( ps: addr u ===> )( Datenblock senden )
       DUP PUT OVER + SWAP
       ?DO  I C@ CPUT  LOOP ;
: GETS ( ps: addr u1 ===> u2 )( Datenblock empfangen )
       ( maximale Pufferlaenge u1, Laenge des Blocks u2 )
       GET DUP >R UMIN R@ OVER - -ROT OVER + SWAP
          ?DO  CGET I C!  LOOP
       0 ?DO  CGET DROP  LOOP  R> ;
```

# Kopplung von dBase III mit Supercalc 3

**Lutz Göhrs, Stahnsdorf**

Grundlage zur Einbindung von beliebigen Fremdprogrammen in dBase III ist der Befehl RUN ⟨name⟩. Mit diesem Befehl können COM, EXE und BAT-Dateien von der dBase III-Programmebene oder aus dBase III-Programmen zur Ausführung gebracht werden. Nach Ablauf des gerufenen Programms setzt dBase III seine Arbeit unmittelbar nach dem RUN-Kommando fort; entweder mit dem Prompt oder mit dem nächsten Befehl des dBase III-Programms. Dabei ist zu beachten, daß die Ausführung des RUN-Befehls Speicherplatz in Höhe von 17 KByte plus Größe des gerufenen Programms zusätzlich zu den 256 KByte von dBase III benötigt. Zur Ausführungszeit muß die Datei COMMAND.COM verfügbar sein. Von besonderem Interesse ist dabei die Einbindung von Kalkulationsprogrammen wie Supercalc 3, denn damit lassen sich mit geringem Aufwand die Vorteile der Tabellenberechnung inklusive Geschäftsgrafik mit dBase III verbinden, ohne den Aufwand der Einarbeitung und Bedienung neuer integrierter Programmsysteme in Kauf nehmen zu müssen. Die Einbindung von Kalkulationsprogrammen in dBase III entbindet durch deren automatischen Ablauf den Nutzer von speziellen Bedienkenntnissen des Kalkulationsprogramms.

Im folgenden Beispiel wird gezeigt, wie die Daten der Datenbank ARTIKEL, deren Struktur und aktueller Inhalt aus den Bildern 1 und 2 hervorgehen, in die SC3-Tabelle BESTAND (Bild 3) übertragen werden. Nach der Berechnung wird die Tabelle ausgedruckt. Die Ergebnisse in der Spalte Summe werden als Grundlage für weitere Auswertungen in die Datenbank BESTAND übernommen (Bild 4). Das Beispielprogramm in Bild 5 erzeugt eine SC3-Kommandodatei SCKOPP.XQT (Bild 6), in der alle notwendigen Anweisungen wie

- Laden der Tabelle
- Eintragung der aktuellen Werte
- Berechnen und Drucken

enthalten sind. Hinweise zum Programm sind als Kommentare gekennzeichnet. Die SC3-Tabelle sollte mit den Optionen

```
Datenbankstruktur        - ARTIKEL.dbf
Anzahl der Datensätze  -         7
Letztes Änderungsdatum - 07.07.88
Feld    Feldname     Typ           Länge     Dez          Bemerkung
   1    BEZEICHNG    Zeichen          10
   2    ARTIKEL_NR   Zeichen           6
   3    MON1         Numerisch         6                  Bestand Januar
   4    MON2         Numerisch         6                      Februar
   5    MON3         Numerisch         6                       usw.
   6    MON4         Numerisch         6
   7    MON5         Numerisch         6                        bis
   8    MON6         Numerisch         6                       Juni
   9    SC_ZEILE     Zeichen           2                  Zeilennummer
** Gesamt **                          55                  in SC-Tabelle
```

**Bild 1 Struktur der dBase III-Datei ARTIKEL**

| # | BEZEICHNG | ARTIKEL_NR | MON1 | MON2 | MON3 | MON4 | MON5 | MON6 | SC_ZEILE |
|---|---|---|---|---|---|---|---|---|---|
| 1 | Deckel A | 422563 | 268 | 364 | 470 | 322 | 287 | 136 | 7 |
| 2 | Deckel B | 422565 | 790 | 790 | 645 | 689 | 494 | 388 | 8 |
| 3 | Hülle | 177328 | 0 | 50 | 80 | 100 | 120 | 150 | 10 |
| 4 | Knopf | 255218 | 134 | 150 | 147 | 120 | 80 | 118 | 6 |
| 5 | Schnalle | 932850 | 364 | 467 | 591 | 288 | 412 | 725 | 12 |
| 6 | Senkel | 382616 | 48 | 60 | 147 | 92 | 51 | 17 | 11 |
| 7 | Strumpf | 833371 | 21 | 41 | 37 | 29 | 16 | 10 | 9 |

**Bild 2 Inhalt der dBase III-Datei ARTIKEL**

```
Datenbankstruktur        - bestand.dbf
Anzahl der Datensätze  -         0
Letztes Änderungsdatum - 07.07.88
Feld    Feldname     Typ           Länge    Dez
   1    BEZEICHNG    Zeichen          10
   2    ARTIKEL_NR   Zeichen           7
   3    BESTAND      Numerisch        10
** Gesamt **                          28
```

**Bild 3 Struktur der dBase III-Datei BESTAND**

```
    !     A    !!     B     !! C !! D !! E !! F !! G !! H !!    I   :
 1  Beispieltabelle zur dBASE3-SC-Kopplung
 2
 3                                Bestand im Monat
 4   Bezeichnung   Artikelnr Januar   Feb.   März  April    Mai   Juni    Summe
 5  -----------------------------------------------------------------------------
 6                                                                            0
 7                                                                            0
 8                                                                            0
 9                                                                            0
10                                                                            0
11                                                                            0
12                                                                            0
13  -----------------------------------------------------------------------------
14             Summe:          0       0      0      0      0      0          0
15             Mittelwert:     0       0      0      0      0      0          0
16  =============================================================================
```

**Bild 4 vorbereitete SC3-Tabelle BESTAND**

```
* Beispielprogramm zur Kopplung dBASE3 --> SuperCalc
* Annahmen: dBASE3 im Verzeichnis \DBASE\DBASE3
*        SuperCalc3 im Verzeichnis \SC3
SET TALK OFF
SET CONSOLE OFF
USE ARTIKEL
* SC3-Kommandodatei SCKOPP.XQT eröffnen
SET ALTERNATE TO SCKOPP.XQT
SET ALTERNATE ON
* Lade-Kommando für die SC3-Tabelle
? "/lBESTAND,a"
* Tabellencursor durch Sprungbefehl setzen
* Bezeichnung, Artikelnr und Monatswerte eintragen
DO WHILE .NOT. EOF()
   zeile=sc_zeile
   ? "=B&zeile"
   ? artikel_nr
   ? "=A&zeile"
   ? bezeichng
   z=1
   DO WHILE Z <= 6
      ? "=",chr(ASC("C")+z-1),zeile
      cz=str(z,1)
      ? mon&cz
      z=z+1
   ENDDO
   SKIP
ENDDO
* Tabelle berechnen, Rand ausblenden und drucken
? "!"
? "/GB"
* Output,Display,All,Printer
? "/odall,p"
* Für die Übernahme der Bestandssummen in die dBASE-Datei BESTAND
* muß die Tabellenform der Dateistruktur angepaßt werden.
* Dazu sind folgende Arbeitsgänge notwendig:
* 1. Spalten A, B und I hintereinander ordnen
*    SC3-Kommando: Move,Columne,I,C
? "/MCI,C"
* 2. Spaltenbreite der Spalten A,B und C auf dBASE-Feldlänge ändern
? "/FCA,10"
? "/FCB,7"
? "/FCC,10"
* Ausgabe der Tabelle als ASCII-Datei "BESTAND.TXT"
IF FILE("BESTAND.TXT")
   * Wenn ASCII-Datei bereits vorhanden, dann Backup
   ? "/odA6:C12,d\DBASE\DBASE3\BESTAND.TXT,b"
ELSE
   ? "/odA6:C12,d\DBASE\DBASE3\BESTAND.TXT"
ENDIF
* SC3 beenden
? "/QY"
* SC3-Kommandodatei schließen
CLOSE ALTERNATE
* BAT-Datei für Verzeichniswechsel und Aufruf schreiben
SET ALTERNATE TO SCKOPP.BAT
SET ALTERNATE ON
? "CD \SC3"
? "SC3 \DBASE\DBASE3\SCKOPP.XQT"
? "CD \DBASE\DBASE3"
CLOSE ALTERNATE
SET CONSOLE ON
* SuperCalc starten durch Aufruf der .BAT-Datei
RUN SCKOPP
* Seitenvorschub nach SC-Tabelle durch dBASE 3
EJECT
* Wenn dBASE 3 und SuperCalc im selben Verzeichnis sind
* kann das Programm etwas vereinfacht werden.
* Es braucht keine .BAT-Datei erzeugt zu werden.
* Der Aufruf lautet dann: "RUN SC3 SCKOPP.XQT"
* Übernahme der Tabellenergebnisse in die Datenbank BESTAND
USE BESTAND
ZAP
APPEND FROM BESTAND.TXT SDF
CLOSE DATABASE
RETURN
```

**Bild 5 Programm zur Kopplung dBase III → SuperCalc3 → dBase III**

```
Seite 1
/lBESTAND,a
=B7
422563
=A7
Deckel A
= C 7
  268
= D 7
  364
= E 7
  470
= F 7
  322
= G 7
  287
= H 7
  136
=B8
422565
=A8
Deckel B
= C 8
  790
= D 8
  790
= E 8
  645
= F 8
  689
= G 8
  494
= H 8
  388
=B10
177328
=A10
Hülle
= C 10
    0
= D 10
   50
= E 10
   80
= F 10
  100
= G 10
  120
= H 10
  150
=B6
255218
=A6
Knopf
= C 6
  134
= D 6
  150
= E 6
```

```
Seite 2
   147
= F 6
   120
= G 6
    80
= H 6
   118
=B12
932850
=A12
Schnalle
= C 12
   364
= D 12
   467
= E 12
   591
= F 12
   288
= G 12
   412
= H 12
   725
=B11
382616
=A11
Senkel
= C 11
    48
= D 11
    60
= E 11
   147
= F 11
    92
= G 11
    51
= H 11
    17
=B9
833371
=A9
Strumpf
= C 9
    21
= D 9
    41
= E 9
    37
= F 9
    29
= G 9
    16
= H 9
    10
!
/GB
/odall,p
```

```
Seite 3
/MCI,C
/FCA,10
/FCB,7
/FCC,10
/odA6:C12,d\DBASE\DBASE3\BESTAND.TXT,b
/QY
```

***Bild 6** vom dBase III-Programm erzeugte SC3-Kommandodatei und .BAT-Datei*

| | | Bestand im Monat | | | | | | |
|---|---|---|---|---|---|---|---|---|
| Bezeichnung | Artikelnr | Januar | Feb. | März | April | Mai | Juni | Summe |
| Knopf | 255218 | 134 | 150 | 147 | 120 | 80 | 118 | 749 |
| Deckel A | 422563 | 268 | 364 | 470 | 322 | 287 | 136 | 1847 |
| Deckel B | 422565 | 790 | 790 | 645 | 689 | 494 | 388 | 3796 |
| Strumpf | 833371 | 21 | 41 | 37 | 29 | 16 | 10 | 154 |
| Hülle | 177328 | 0 | 50 | 80 | 100 | 120 | 150 | 500 |
| Senkel | 382616 | 48 | 60 | 147 | 92 | 51 | 17 | 415 |
| Schnalle | 932850 | 364 | 467 | 591 | 288 | 412 | 725 | 2847 |
| | Summe: | 1625 | 1922 | 2117 | 1640 | 1460 | 1544 | 10308 |
| | Mittelwert: | 232,14 | 274,57 | 302,43 | 234,29 | 208,57 | 220,57 | 245,4286 |

***Bild 7** durch Supercalc3 gedruckte Tabelle*

```
. use bestand
. list
Satz #  BEZEICHNG  ARTIKEL_NR   BESTAND
     1  Knopf         255218        749
     2  Deckel A      422563       1847
     3  Deckel B      422565       3796
     4  Strumpf       833371        154
     5  Hülle         177328        500
     6  Senkel        382616        415
     7  Schnalle      932850       2847
```

***Bild 8** Inhalt der dBase III-Datei Bestand nach Programmablauf*

```
CD \SC3
SC3 \DBASE\DBASE3\SCKOPP.XQT
CD \DBASE\DBASE3
```

***Bild 9** Inhalt der Datei SCKOPP.BAT*

- **Nächst = OFF**
- **Manuell = ON**

gespeichert sein, um einen möglichst schnellen Programmablauf zu erreichen (Global-Befehl).

Während des Programmablaufs, der insgesamt 55 Sekunden dauerte, wurde durch SuperCalc3 die in Bild 7 gezeigte Tabelle gedruckt. Den Inhalt der Datei BESTAND zeigt Bild 8, und Bild 9 zeigt die Datei SCKOPP.BAT.

✉ KONTAKT ☎

VEB Lufttechnische Anlagen Stahnsdorf, Ruhlsdorfer Straße 23, Stahnsdorf, 1533; Tel. 6262

# *Komfortable Menüs für die Tabellenberechnung*

*Dr. Thomas Streubel, Wolfgang Blume, Berlin*

Bei Anwendung der Standardsoftware Supercalc zur Tabellenberechnung können bekanntlich zur automatisierten Abarbeitung von festen Kommandofolgen und Berechnungen, insbesondere für ungeübte Anwender XQT-Kommandodateien eingesetzt werden. Eine wünschenswerte bequeme Menüsteuerung, die den Nutzerkreis erheblich erweitern könnte, wird dabei nur sehr umständlich und mit großem Aufwand erreicht. Im folgenden wird eine sehr einfache und wirkungsvolle Methode vorgestellt, mit deren Hilfe schnell eine höheren Programmiersprachen adäquate Menügestaltung erreicht werden kann.

Die Selektion von Programmen im Menü basiert auf der Tatsache, daß zum Aufruf einer XQT-Kommandodatei der Name der gewünschten Datei entsprechend den CP/M-Konventionen mit Dateityp erfolgen muß. Bei der Syntaxanalyse werden von der Typbezeichnung **XQT** nur die ersten beiden Zeichen erkannt, während jedoch für den danach erfolgenden Aufruf alle drei benötigt werden. Das bietet die Möglichkeit, in einer Kommandodatei DEMO.XQT (Bild 1) im System durch einen unvollständigen Programmaufruf wegen eines fehlenden **T** in der Dateityp-Bezeichnung einen (Fehler-) Zwangshalt zu provozieren. Der zuvor im Programm realisierte Aufruf eines erklärenden Textes der Datei DEMO.CAL (Bild 2) illustriert gut die sich anschließende Auswahlmöglichkeit durch den Nutzer, der nach diesem Halt das fehlende dritte Zeichen entsprechend dem Menütext hinzufügen und diese Eingabe mit der **ET**-Taste abschließen kann. Das Tabellenberechnungsprogramm gelangt somit bei der anschließenden syntaktischen Prüfung zum Ergebnis, daß der damit spezifizierte (Unter-) Programmaufruf (entweder DATEI.XQA, DATEI. XQB ... DATEI.XQL) korrekt ist und damit nun auch wirklich ausführbar wird.

Nach diesen Manipulationen wird letztendlich das gewünschte Programm geladen. Es kann sowohl ein Unterprogramm als auch ein ähnlich strukturiertes Untermenü sein. Für diesen Fall sichert eine Programmschleife die Rückkehr ins aufrufende übergeordnete Menü durch einen entsprechenden Programmaufruf nach dem selben Muster. Im Falle einer möglichen Fehleingabe erscheint die Fehlermeldung „Datei nicht ladbar", und das System verbleibt in der Abfrage. Auf diese Art und Weise kann eine streng hierarchisch aufgebaute und geschlossene Menüführung entstehen. Sie arbeitet auch bei Fehleingaben absturzsicher, was besonders für die Nutzung durch den ungeübten Nutzer sehr wichtig ist.

Mit Erfolg wird dieses Prinzip bereits in Software-Schulungen vorgestellt und in mehreren konkreten Anwendungen genutzt.

```
/ZY                 Arb.-Bereich löschen
/GB                 Begrenzung aus
/GM                 manu. Berechn.-Start
/LB:DEMO,A          Text laden u. zeigen
/GB                 evtl. Begrenzung aus
/XB:DATEI.XQ        Halt, was nun ??!!!!
```

***Bild 1** Beispielprogrammvarianten, die einen Zwangshalt erzeugen*

```
======= Menü der Monatsabrechnungen =======

"A"-Taste  ---> Abrechnung JANUAR     (DATEI.XQA)
"B"-Taste  ---> Abrechnung FEBRUAR    (DATEI.XQB)
"C"-Taste  ---> Abrechnung MAERZ      (DATEI.XQC)
"D"-Taste  ---> Abrechnung APRIL      (DATEI.XQD)
"E"-Taste  ---> Abrechnung MAI        (DATEI.XQE)
"F"-Taste  ---> Abrechnung JUNI       (DATEI.XQF)
"G"-Taste  ---> Abrechnung JULI       (DATEI.XQG)
"H"-Taste  ---> Abrechnung AUGUST     (DATEI.XQH)
"I"-Taste  ---> Abrechnung SEPTEMBER  (DATEI.XQI)
"J"-Taste  ---> Abrechnung OKTOBER    (DATEI.XQJ)
"K"-Taste  ---> Abrechnung NOVEMBER   (DATEI.XQK)
"L"-Taste  ---> Abrechnung DEZEMBER   (DATEI.XQL)
                           ---------
"0"-Taste  ---> Rueckkehr ins Hauptmenue   (DATEI.XQ0)

        ****** Bitte waehlen ******

< A1
==> Dateiname oder <return> fuer Verzeichnis
19>/X(Execute),B:DATEI.XQ_
```

***Bild 2** Bildschirminhalt während des Zwangshalts*

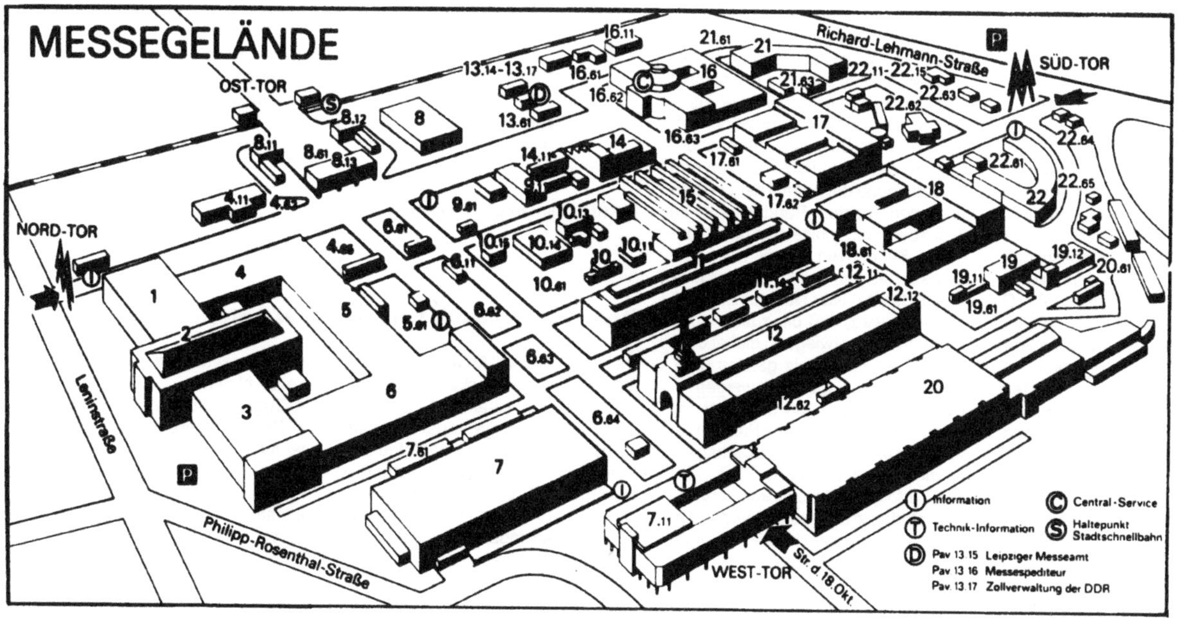


Messeführer LFM '90

Mit dem Messewegweiser auf dieser Seite wollen wir alle an der Computertechnik Interessierten beim Besuch der Technischen Messe unterstützen. Wir haben daher für Sie die Aussteller – soweit sie uns bis zu unserem Redaktionsschluß bekannt waren – aus den Messekatalog-Rubriken *Informations- und Kommunikationstechnik* sowie *Automatisierungstechnik – CAD/CAM* übersichtlich aufgelistet – zum einen nach Hallen geordnet, zum anderen in alphabetischer Reihenfolge. Die Palette reicht daher von Bauelementeproduzenten über Computer- und Peripheriehersteller bis zu Softwareanbietern. Eine Gewähr für die Richtigkeit der Angaben können wir Ihnen leider nicht geben, hoffen aber, daß Ihnen unser kleiner Service dennoch ein nützliches Hilfsmittel sein wird.

| | Stand |
|---|---|
| **Halle 2** | |
| Mannesmann Kienzle GmbH (BRD) | 112 |
| **Halle 3** | |
| Fexima Oy (Finnland) | 205 |
| **Halle 5** | |
| Agfa Gevaert AG (BRD) | 310 |
| Hoechst AG (BRD) | 340 |
| **Halle 6** | |
| VEB Organisation und Rechentechnik Karl-Marx-Stadt (im VE Kombinat Mechanisierung Karl-Marx-Stadt) | |
| **Halle 7** | |
| Akademie der Wissenschaften der DDR | 215 |
| Hoch- und Fachschulwesen der DDR | 217 |
| **Halle 14** | |
| Kombinat VEB Carl Zeiss JENA | |
| **Halle 15** | |
| VEB Kombinat Automatisierungsanlagenbau Berlin | |
| Bull AG (BRD) | 130 |
| Kombinat VEB Elektro-Apparate-Werke Berlin | |
| Honeywell Regelsysteme GmbH (BRD) | 130 |
| IBM ROECE INC. Vienna-Branch. (Österreich) | 108 |
| Kombinat VEB Keramische Werke Hermsdorf | |
| VEB Kombinat Mikroelektronik Erfurt | |
| VEB Kombinat Nachrichtenelektronik Berlin | |
| Philips International B.V. (Niederlande) | 27 |
| VEB Kombinat Robotron Dresden | |
| Schlumberger Technologies GmbH (Österreich) | 94 |
| Siemens AG (BRD) | 44 |
| Standard Elektrik Lorenz AG (BRD) | 104/111 |
| Tektronix GmbH (BRD) | 47 |
| VIDEOTON Industrie-Außenhandels-AG (Ungarn) | 33 |
| Wandel & Goltermann GmbH (BRD) | 57 |
| Wapo-electronic GmbH (Berlin (W)) | 128 |
| VEB Zentrum für Forschung und Technik Dresden (im VEB Kombinat Spezialtechnik Dresden) | |
| **Halle 16** | |
| CUBAELECTRONICA (Kuba) | |
| **Halle 17** | **Stand** |
| A.B. Dick Company (BRD) | 40 |
| Aristo Graphic Systeme GmbH (Berlin (W)) | 54 |
| ATARI Computer GmbH (BRD) | 58 |
| Commodore Büromaschinen GmbH (BRD) | 96 |
| EPSON Deutschland GmbH (BRD) | 66 |
| Ensch S.a.r.l., Ensch Computer Luxembourg | 37 |
| Inverdata Electronics GmbH (BRD) | 41 |
| METRONEX G.m.b.H. (Polen) | 90 |
| MINOLTA AUSTRIA-Export Ges. m.b.H. (Österreich) | 60 |
| Ungarische Optische Werke MOM | 94 |
| Rank Xerox Ltd. (Großbritannien) | 18 |
| 3M (East) AG (Schweiz) | 61 |
| **Halle 18** | |
| ABC Computer Technik Röstges (BRD) | 265 |
| Electronum (Rumänien) | 132 |
| Graphtec GmbH (BRD) | 122 |
| IPD Electronic GmbH (BRD) | 208 |
| Mütec, Meß- und Regeltechnik GmbH (BRD) | 104 |
| Schiele Industriewerke GmbH (BRD) | 215 |
| Spectronex AG (Schweiz) | 212 |
| Toshiba Corporation (Japan) | 8 |
| Transcommerz Industriewaren Handels-GmbH (Berlin (W)) | 10 |
| Westinghouse Electric GmbH Controlmatic Division (Österreich) | 200 |
| **Halle 20** | |
| VEB Werkzeugmaschinenkombinat Karl-Marx-Stadt | |

| | Halle | Stand |
|---|---|---|
| ABC Computer Technik Pöstges (BRD) | 18 | 265 |
| A.B. Dick Company (BRD) | 17 | 40 |
| Agfa Gevaert AG (BRD) | 5 | 310 |
| Akademie der Wissenschaften der DDR | 7 | 215 |
| Aristo Graphic Systeme GmbH (Berlin (W)) | 17 | 54 |
| ATARI Computer GmbH (BRD) | 17 | 58 |
| VEB Kombinat Automatisierungs-anlagenbau Berlin | 15 | |
| Bull AG (BRD) | 15 | 130 |
| Commodore Büromaschinen GmbH (BRD) | 17 | 96 |
| CUBAELECTRONICA (Kuba) | 16 | |
| Electronum (Rumänien) | 18 | 132 |
| Kombinat VEB Elektro-Apparate-Werke Berlin | 15 | |
| Ensch S.a.r.l, Ensch Computer Luxembourg | 17 | 37 |
| EPSON Deutschland GmbH (BRD) | 17 | 66 |
| Fexima Oy (Finnland) | 3 | 205 |
| Graphtec GmbH (BRD) | 18 | 122 |
| Hoch- und Fachschulwesen der DDR | 7 | 217 |
| Hoechst AG (BRD) | 5 | 340 |
| Honeywell Regelsysteme GmbH (BRD) | 15 | 130 |
| IBM ROECE INC. Vienna-Branch. (Österreich) | 15 | 108 |
| Inverdata Electronics GmbH (BRD) | 17 | 41 |
| IPD Electronic GmbH (BRD) | 18 | 208 |
| Kombinat VEB Keramische Werke Hermsdorf | 15 | |
| Mannesmann Kienzle GmbH (BRD) | 2 | 112 |
| METRONEX G.m.b.H. (Polen) | 17 | 90 |
| VEB Kombinat Mikroelektronik Erfurt | 15 | |
| MINOLTA AUSTRIA-Export Ges. m.b.H. (Österreich) | 17 | 60 |
| Ungarische Optische Werke MOM | 17 | 94 |
| Mütec, Meß- und Regeltechnik GmbH (BRD) | 18 | 104 |
| VEB Kombinat Nachrichtenelektronik Berlin | 15 | |
| VEB Organisation und Rechentechnik Karl-Marx-Stadt (im VE Kombinat Mechanisierung Karl-Marx-Stadt | 6 | |
| Philips International B.V. (Niederlande) | 15 | 27 |
| Rank Xerox Ltd. (Großbritannien) | 17 | 18 |
| VEB Kombinat Robotron Dresden | 15 | |
| Schiele Industriewerke GmbH (BRD) | 18 | 215 |
| Schlumberger Technologies GmbH (Österreich) | 15 | 94 |
| Siemens AG (BRD) | 15 | 44 |
| Spectronex AG (Schweiz) | 18 | 212 |
| Standard Elektronik Lorenz AG (BRD) | 15 | 104/111 |
| Tektronix GmbH (BRD) | 15 | 47 |
| Toshiba Corporation (Japan) | 18 | 8 |
| Transcommerz Industriewaren Handels-GmbH (Berlin (W)) | 18 | 10 |
| VIDEOTON Industrie-Außenhandels-AG (Ungarn) | 15 | 33 |
| Wandel & Goltermann GmbH (BRD) | 15 | 57 |
| Wapo-electronic GmbH (Berlin (W)) | 15 | 128 |
| VEB Werkzeugmaschinenkombinat Karl-Marx-Stadt | 20 | |
| Westinghouse Electric GmbH Controlmatic Division (Österreich) | 18 | 200 |
| Kombinat VEB Carl Zeiss JENA | 14 | |
| VEB Zentrum für Forschung und Technik (im VEB Kombinat Spezialtechnik Dresden) | 15 | |
| 3M (East) AG (Schweiz) | 17 | 61 |

**Unser Tip: Lesertreffpunkt**

Gemeinsam mit unserer Partnerredaktion c't wollen wir uns an zwei Tagen der Messe Ihren Fragen, Wünschen und Kritiken stellen. Dazu beabsichtigen wir, am 12. und 13. März für jeweils mehrere Stunden die Technik-Information der KDT in Halle 7.11 zu nutzen. Gesichert ist das Vorhaben zwar noch nicht, aber wenn es Ihnen keine großen Umstände bereitet, schauen Sie doch einfach mal vorbei. Wir würden uns freuen.

*Ihre Redaktion MP*

MP Computer-Club

## Wordstar nutzt alle Drucksteuerzeichen

Die vielfältigen Schriftgestaltungsmöglichkeiten moderner Nadel-Matrix-Drucker (besonders des FX 1000) werden durch Wordstar, Version 2.x, nicht direkt ausgeschöpft. Von Hause aus werden durch Wordstar nur vier Steuerzeichen (^E, ^R, ^Q, ^W) für den Nutzer zur Verfügung gestellt. Auch bei Nutzung weiterer (^A, ^N, ^T, ^V, ^Y) ergeben sich nicht wesentlich mehr Möglichkeiten, da einige Zeichen nicht unabhängig voneinander genutzt werden können. Greift man die Idee aus /1/ auf und belegt eines dieser Zeichen – sinnfälligerweise ^E – lediglich mit dem vom Drucker als ESCape und damit Beginn einer Steuersequenz verstandenen Code 1BH, sind damit alle die zugänglich, die aus druckbaren ASCII-Zeichen bestehen. Als Parameter sind darüber hinaus noch 0 und 1 zugelassen, da der Drucker in diesem Fall sowohl die ASCII-Codes 00H und 01H als auch die ASCII-Zeichen 0 (30H) und 1 (31H) akzeptiert. Im Bild 1 sind einige der Möglichkeiten mit einem so installierten Wordstar zusammengestellt.

Nach der Eingabe von ^PE werden die restlichen Zeichen wie normaler Text eingegeben. Dies bedeutet allerdings, daß Wordstar sie auch so behandelt, obwohl sie beim Druck nicht erscheinen, denn der Drucker interpretiert sie korrekt. Daher ist bei eingeschaltetem Blocksatz die Ausrichtung mit der Hand vorzunehmen und entsprechend der Anzahl der Zeichen über den rechten Rand hinaus zu schreiben. Auch sollte man häufig benutzte Sequenzen auf die *normalen* Druckersteuerzeichen von Wordstar legen, damit dieser Nachteil dadurch gemildert wird, daß die zusätzlichen Sequenzen überwiegend global oder nur auf eine Zeile als ganzes (z. B. Überschriften) angewandt werden.

Die Installierung kann entweder mit einem entsprechenden Programm, einem Debugger oder Dienstprogrammen wie POWER, TOOL, DIDOC erfolgen. Für den letztgenannten Fall sind in der nachfolgenden Tabelle die entsprechenden Patch-Adressen zusammengestellt.

Die Länge der Sequenz für die Steuerzeichen beträgt 4 Byte, die von Anfangs- und Endsequenz 15 Byte.

| Steuerzeichen | WS.COM /1/ 8 Bit | WS.CMD 16 Bit |
|---|---|---|
| A | 06B5 | 076B |
| ^N | 06BA | 0770 |
| ^T | 06BF | 0775 |
| ^V | 06C4 | 077A |
| ^Q | 06C9 | 077F |
| ^W | 06CE | 0784 |
| ^E | 06D3 | 0789 |
| ^R | 06D8 | 078E |
| ^Y (ein) | 06DD | 0793 |
| ^Y (aus) | 06E2 | 0798 |
| Anfangssequenz (Druckerinitial.) | 06E7 | 079D |
| Endsequenz | 06F8 | 07AE |

Hinzu kommt in allen Fällen ein Führungsbyte, das die tatsächliche Länge der jeweiligen Sequenz enthält (01H bis 04H bzw. 01 bis 0FH). Im vorliegenden Fall würde für ^E ab Adresse 0789 beim 16-Bit-WS folgende Sequenz stehen: 011B000000.

Bei höheren Versionen von Wordstar unter MS-DOS benutzt man am besten das Installationsprogramm WSCHANGE.

Außer den dargestellten Einzelfunktionen existieren noch viele Kombinationsmöglichkeiten.


**Literatur**

/1/ Floriani, D.: Wordstar maßgeschneidert. mc, München (1985) 7


*Eberhard Bauer*

```
Bildschirm-                  Druckbild
darstellung
--------------------------------------------------------------------------

  ^A          alternativer Zeichenabstand (17 cpi bei K 6314, 20 cpi bei FX-1000)
  ^N          Standardzeichenabstand (hier 12 cpi)
  ^Q          Hoch-/Tiefstellen aus
  ^R          Tiefstellen
  ^S          Unterstreichen ein/aus (besser Y benutzen!)
  ^T          alternativer (US-ASCII) Zeichensatz ({ ¦ } [ \ ] ~ @)
  ^V          deutscher Zeichensatz (Ä Ö Ü ä ö ü ß §)
  ^W          Hochstellen
  ^Y          Unterstreichen ein/aus
  ^EE         Fettdruck (K6314: 10 cpi, FX1000/LX-86: gewählter Abstand bleibt erhalten)
  ^EE^EG      Fett- und Doppeldruck kombiniert
  ^EM         Elite-Schrift(12cpi)
  ^EP         Pica-Schrift (10 cpi)
  ^EW1        Breitdruck
  ^E0         Zeilenabstand 1/8", d. h.
              einzeilig
              einzeilig
  ^E1         Zeilenabstand 7/72", d. h.
              engzeilig
              engzeilig
  ^E2         Zeilenabstand 1/6" (Standard)
  ^E8         Schaltet den Papierendesensor aus.

Zusätzlich bieten der FX-1000 und der LX-86 folgende Funktionen:

  ^Ex1        NLQ-Schrift
  ^E4         Kursivdruck
  ^E%1        Benutzerdefinierte Zeichen aktivieren (die vor dem Start von WS
              geladen werden müssen). So wird beispielsweise "a a a" zu
              "♥ ♥ ♥".
  ^E%0        zurückschalten auf normalen Zeichensatz

Der FX-1000 kann darüber hinaus:

  ^Ek0        NLQ-Schriftart ROMAN
  ^Ek1        NLQ-Schriftart SANS SERIF
  ^Ep1        Proportionaldruck
  ^Ep0        Proportionaldruck aus
  ^Ew1        Doppelte Zeichenhöhe
  ^Ew1^EW1    doppelte Zeichenhöhe und -breite

  ^Et1^E>     aktiviert den Grafikteil des Zeichensatzes 3 und 4 (Codes > 128)
              und setzt intern das MSB auf 1, so daß anstelle der eingegebenen
              Zeichen die gedruckt werden, deren Code um 128 größer ist. Bei-
              spielsweise wird 'f' zu 'µ'. Mit dieser Funktion sind leider nur
              die Grafikzeichen ab Codenummer 160 zugänglich, da die zwischen
              128 und 159 keine druckbaren Entsprechungen im Standard-ASCII-
              Teil des Zeichensatzes haben (Code 0 - 31).
   ^E#        hebt die Vorgabe des MSB wieder auf.
```

***Bild 1 Drucksteuerung durch Wordstar nach dem Patchen***

- ***Alle Angaben beziehen sich auf den erweiterten EPSON-ESC/P-Standard***
- ***Da für die Nutzung der Hoch- und Tiefstellfunktion insgesamt 3 Sequenzen erforderlich sind, wurden auch drei Steuerzeichen damit belegt.***
- ***Es empfiehlt sich, Standardeinstellungen in die Anfangssequenz mit aufzunehmen. Dies betrifft beim FX-1000 auch die Sequenz ^Et1 (exakter müßte es heißen: ESC t 1 oder 1BH 74H 31H), so daß nur noch das MSB (most significant bit, deutsch: höchstwertiges Bit) vorgegeben werden muß (^E>), wenn Zeichen aus dem Grafikteil gedruckt werden sollen.***

## Druckausgabe mit Turbo-Pascal umleiten

Der DCP-Befehl MODE bietet die Möglichkeit, die Druckerausgabe von der parallelen (Standard-) Druckerschnittstelle auf die serielle Schnittstelle umzuleiten. Mit dem folgenden Verfahren ist es möglich, solche Programme mit Turbo-Pascal 4.0 zu erstellen. Auf diese Weise können leicht verschiedene Protokollarten und Druckeranpassungen programmiert werden.

Der externe Befehl MODE bietet ebenfalls die Möglichkeit, die parallele und die serielle Schnittstelle zu konfigurieren. Die Umlenkung von der parallelen auf die serielle Schnittstelle erfolgt, indem der Softwareinterrupt **Int17** auf den residenten Teil von MODE geleitet wird. Dort werden die Übergabeparameter verändert und die Daten über **Int14** an die serielle Schnittstelle gesandt. Unter DCP gab es jedoch auf dem A 7150 mit der IFSS-Schnittstelle (Com2) gewisse Probleme:

- Es wird kein Softwareprotokoll unterstützt und damit keine Anpassung an die Druckgeschwindigkeit ermöglicht. Die Folge sind nichtgedruckte Zeichen.
- Die Funktion **Initialisieren des INT17** wird nicht korrekt an den INT14 übergeben und führt zur Fehlermeldung des Betriebssystems.

Sollen höhere Programmiersprachen für die vorgestellte Art der systemnahen Programmierung genutzt werden; müssen diese folgende Möglichkeiten bieten:

- Zugriff auf Softwareinterrupts
- Programmieren speicherresidenter Interruptroutinen.

Turbo-Pascal 4.0 bietet dies mit den Prozeduren INTR, KEEP und der Deklaration von Prozeduren als Interruptroutinen.

Bild 1 zeigt einen Treiber für den Drucker K 6311 unter Verwendung des DC1/DC3-Protokolls. Das Hauptprogramm führt die Initialisierung der IFSS-Schnittstelle durch, wobei folgende Werte eingestellt werden:

- Übertragungsrate 9600 Baud
- ungerade Parität
- 1 Stopbit
- 7 Bit pro Zeichen.

Die Kodierung dieser Werte ist /1/ zu entnehmen.

Anschließend wird die Interrupttabelle verändert. Der Softwareinterrupt INT17 zeigt nun auf die Prozedur **INT17neu**; das Programm wird speicherresident beendet.

Nutzt nun ein Programm den INT17, so führt die Prozedur INT17neu die Anpassung der Übergabe- und Rückgabeparameter nach Tafel 1 durch. Anschließend wird das Zeichen mit **INT14** an die serielle Schnittstelle gesandt. Die Senderoutine kontrolliert den Leitungsstatus und verhindert damit ein Überschreiben von Daten. Werden DC3/DC4-Signale empfangen, warten die entsprechenden Routinen auf DC1. Nach einer Fehler-

**Tafel 1 Gegenüberstellung der Parameter von INT17 und INT14 (speziell für IFSS)**

| Funktion | | INT17 Registerinhalt | INT14 Registerinhalt |
|---|---|---|---|
| Zeichen senden | Aufruf | AH 00<br>AL Zeichen<br>DX 00 | AH 01<br>AL Zeichen<br>DX Kanalnummer 01 |
| | Rückkehr | AH Status | AH Leitungsstatus |
| Initialisieren | Aufruf | AH 01<br>DX 00 | AH 00<br>AL Parameter<br>DX Kanalnummer 01 |
| | Rückkehr | AH Status | AH Leitungsstatus |
| Statusabfrage | Aufruf | AH 02<br>DX 00 | AH 03<br>DX Kanalnummer 01 |
| | Rückkehr | AH Status | AH Leitungsstatus |
| Zeichen empfangen | Aufruf | | AH 02<br>DX Kanalnummer 01 |
| | Rückkehr | | AH Leitungsstatus<br>AL Zeichen |
| Bedeutung des Status- bzw. Leitungsstatus-Bytes | | 09 Gerätefehler<br>90 Gerät empfangsbereit | 80 Time out<br>01 Empfangsdaten vorhanden<br>40 Sendepuffer leer |

```
PROGRAM MODEplus;
uses dos;
{$M 1024,0,0 }

VAR
     i                : integer;
     Empfbyte         : byte;
     Empfang,Senden   : boolean;
     Regs             : registers;

CONST
   Geraetestatus : ARRAY [1..4] OF byte =($1b,$5b,$35,$6e);
   Totschleife = 10000;
   DC1 = $11;
   DC3 = $13;
   DC4 = $14;

PROCEDURE INT17neu(ax,bx,cx,dx,si,di,ds,es,bp : word);
 interrupt;

 PROCEDURE status;
   BEGIN
     Empfang:=false;
     Senden:=false;
     regs.ah:=03;
     regs.dx:=01;
     intr($14,regs);
     IF (regs.ah AND 01) = 1 THEN Empfang:=true;
     IF (regs.ah AND $40) = $40 THEN Senden:=true;
   END;

 PROCEDURE ByteLesen;
   BEGIN
     regs.dx:=01;
     regs.ah:=02;
     intr($14,regs);
     Empfbyte:=regs.al AND $7f;
   END;

 PROCEDURE WartenaufDC1;
   BEGIN
     i:=0;
     REPEAT
       i:=i+1;
       status;
       IF Empfang THEN ByteLesen;
     UNTIL ((Empfbyte=DC1) OR (i=Totschleife));
   END;


   BEGIN   { INT17neu }
    regs.ax:=AX;
    regs.dx:=01;
    CASE regs.ah OF
     00 : BEGIN              { Senden }
            Status;
            IF Empfang THEN ByteLesen;

            IF Empfbyte=DC4 THEN
                BEGIN
                    FOR i:=1 TO 4 DO
                       BEGIN
                         regs.al:=geraetestatus[i];
                         regs.ah:=01;
                         intr($14,regs);
                       END;
                      WartenaufDC1;
                END;

            IF Empfbyte=DC3 THEN  WartenaufDC1;

            IF Empfbyte=DC1 THEN
                BEGIN
                    i:=0;
                    REPEAT
                      i:=i+1;
                      status;
                    UNTIL (Senden OR (i= Totschleife));
                    regs.ax:=AX;
                    regs.ah:=01;
                    intr($14,regs);
                END;

            IF (regs.ah=$80) OR (i=Totschleife) OR (Empfbyte<>DC1)
                THEN  regs.ah:=$09
                ELSE  regs.ah:=$90;

          END;

     01,02  : BEGIN     { Initialisieren,Statusabfrage }
                status;
                IF (regs.ah=$80)
                    THEN  regs.ah:=$09
                    ELSE  regs.ah:=$90;
              END;

    END;{case}
    ax:=regs.ax;      { Parameteruebergabe}
   END; { INT17neu }

BEGIN  { Main }
  regs.ah:=$00;        { Initialisierung IFSS }
  regs.al:=$ea;
  regs.dx:=01;
  intr($14,regs);

  setintvec($17,@int17Neu);

  writeln('MODE-plus installiert');
  keep(0);
END.
```

***Bild 1 Programm MODEplus in Turbo-Pascal 4.0***

meldung der Schnittstelle oder nach Ablauf einer bestimmten Anzahl von Schleifendurchläufen gibt das Programm eine entsprechende Fehlermeldung an das Betriebssystem zurück.
Mit diesem Verfahren ist es möglich, beliebige Übertragungsprotokolle zu ermöglichen. Durch den Einbau von Filtern können Zeichensätze verschiedener Drucker angepaßt werden. Ein Anpassen der Grafikbefehle wäre ebenfalls denkbar. Damit bietet Turbo-Pascal eine Alternative zur Assemblerprogrammierung.

*Hartmut Schröter*


**Literatur**

/1/ VEB Robotron Projekt: Anleitung für den Systemprogrammierer – DCP 1700, Ausgabe 3.20, Dresden 1988

/2/ Smode, D.: Das Große MS-DOS Profi-Arbeitsbuch. Franzis-Verlag, München 1987

/3/ Borland Inc.: Handbuch Turbo-Pascal Version 4.0 Heimsoeth Software, München 1987


## Diskettenboxen

Unsere Veröffentlichung zu den Diskettenboxen in MP 11/89 hat eine derart große Nachfrage hervorgerufen, daß die Handwerkliche Buchbinderei in Bedrängnis geraten ist. Wie uns mitgeteilt wurde, wird die Situation durch Arbeitskräfteverlust noch verschärft. Sofern nicht der Berufsverband der Buchbinder Unterstützung gewährt, ist die Bearbeitung der eingegangenen Bestellungen nicht in voller Höhe gesichert. Es wird daher um Verständnis dafür gebeten, daß keine weiteren Bestellungen angenommen werden können.

*MP*

## Bit-Funktionen unter Turbo-Pascal

Wer sich intensiver mit Turbo-Pascal befaßt, wird früher oder später auch maschinennah programmieren. In diesem Fall werden oft Funktionen zum Testen, Setzen oder Löschen von einzelnen Bits benötigt, die von Turbo-Pascal aber nicht bereitgestellt werden.
Im folgenden sollen daher vier derartige Funktionen vorgestellt werden. Da lediglich der standardmäßige Sprachumfang genutzt wird, ist der Einsatz unter allen Betriebssystemen möglich. Die Bits werden von 0 bis 15 (bzw. von 0 bis 7 bei Byte-Werten) gezählt.
Durch den Anwender muß sichergestellt werden, daß bei Manipulation von Byte-Werten nur auf existierende Bits (Bitnummer ≦7 zugegriffen wird, da sonst andere Variablen zerstört werden können oder falsche Ergebnisse entstehen.

```
PROGRAM bitfunkt;
VAR i,n:INTEGER;
    b:BYTE;

FUNCTION bit_z(i,n:INTEGER):INTEGER;
BEGIN
  bit_z:=ORD( ODD(i SHR n))
END;

FUNCTION bit_l(i,n:INTEGER):BOOLEAN;
BEGIN
  bit_l:=ODD(i SHR n)
END;

PROCEDURE bit_set(VAR i;n:INTEGER);
VAR ii:INTEGER ABSOLUTE i;
BEGIN
  ii:=ii OR (1 SHL n)
END;


PROCEDURE bit_reset(VAR i;n:INTEGER);
VAR ii:INTEGER ABSOLUTE i;
BEGIN
  ii:=ii AND NOT(1 SHL n)
END;

BEGIN
  clrscr;
  i:=-maxint;
  FOR n:=15 DOWNTO 0 DO write( bit_z(i,n));
  writeln;
  bit_reset(i,15);
  writeln( bit_l(i,15));
  bit_set(i,1);
  FOR n:=15 DOWNTO 0 DO write( bit_z(i,n));
  writeln;
  writeln(i);
  b:=127;
  bit_set(b,7);
  writeln(b);
END.
```

### Funktionen BIT_Z und BIT_L

Diese Funktionen geben entweder einen Zahlenwert (0 oder 1 in BIT_Z) oder einen logischen Wert (False oder True in BIT_L) zurück.
Das Funktionsprinzip ist bei beiden dasselbe. Das gewünschte Bit gelangt durch Rechtsverschiebung in die niederwertigste Position. Bei Interpretation des Bitmusters als Integerzahl bestimmt es also, ob diese Zahl gerade oder ungerade ist. Dies kann durch die Standardfunktion ODD getestet werden. Wird als Ergebnis ein Zahlenwert verlangt, so wird das Ergebnis des Tests (FALSE oder TRUE) mit der Standardfunktion ORD in einen Zahlenwert gewandelt. Dies ist möglich, da man den Typ BOOLEAN als durch

**TYPE BOOLEAN = (FALSE,TRUE)**

vordefiniert betrachten kann.

### Die Prozeduren BIT_SET und BIT_RESET

Durch Linksverschiebung eines einzelnen gesetzten Bits wird eine Maske erzeugt und mit der zu manipulierenden Zahl mit OR (BIT_SET) verknüpft bzw. erst bitweise negiert und dann mit AND (BIT_RESET) verknüpft.
Da die beiden Prozeduren sowohl Integerzahlen als auch Bytes verarbeiten sollen, ist die Übergabe als typfreie Variable und die anschließende Interpretation der übergebenen Variablen als Integerzahl erforderlich.

*Bernd Matzke*

# Entwicklungen und Tendenzen

## Electronic Mail integriert unterschiedliche Computerwelten

Nach Angaben von Hewlett-Packard ist die Firma der erste große EDV-Hersteller, der die Integration von Computern unterschiedlicher Betriebssysteme einschließlich Apple Macintosh, HP MPE, MS-DOS und Unix über ein Electronic Mail-System nach dem X.400-Standard anbietet.
HP OpenMail läuft unter dem Betriebssystem HP-UX, das der AT&T Unix System V Interface Definition Issue 2 entspricht. Es wurde unter Berücksichtigung der X/Open-Standards entwickelt und ist damit auf andere Unix-Versionen portierbar. HP OpenMail kommuniziert mit allen Systemen, die den X.400-Standard unterstützen.
Über HP AdvanceMail III können PC-Anwender mit HP OpenMail auf HP 9000- und HP DeskManager auf HP 3000-Systemen kommunizieren. Die neue Version hat die gleiche Benutzerschnittstelle für beide Systemumgebungen, so daß kein Umdenken erforderlich ist. Terminal-Emulation und File-Transfer zwischen der HP-Welt und Macintosh bzw. Windows bieten zwei neue Versionen der Kommunikationssoftware HP AdvanceLink. Sie ermöglichen den Macintosh- bzw. Windows-Anwendern den Zugriff auf die Electronic Mail-Dienste von HP 3000- und HP 9000-Systemen. *MP*

## Neue PRISM-CPU für die Apollo-Serie 10 000

Ein Programm zur Leistungssteigerung der Personal-Supercomputer Apollo-Serie 10 000 kündigte Hewlett-Packard an. Dazu gehört auch die Entwicklung einer neuen, vollständig kompatiblen RISC-Zentraleinheit, die den Systemdurchsatz verdoppeln wird. Mitte nächsten Jahres werden alle wesentlichen Systemkomponenten der Multiprocessing-Serie 10 000 überarbeitet und deutlich verbessert: Parallelisierende und vektorisierende Compiler werden die Systemleistung verdoppeln bis vervierfachen; das Programmieren wird HP durch eine spezielle Software-Entwicklungsumgebung für Parallelverarbeitung sowie durch eine interaktive und Visualisierungs-Umgebung für technisch-wissenschaftliche Probleme unterstützen; die Hauptspeicherkapazität wird vervierfacht, die Massenspeicherkapazität versechsfacht und die Bandbreite in lokalen Netzwerken verzehnfacht.
Die neue Zentraleinheit mit PRISM-Architektur steigert die verfügbare Rechenleistung von 22 auf 44 MIPS bzw. 12 MFLOPS je Prozessor. Zusätzlich zu einer Verdoppelung der Integer-(Dhrystone-)Leistung wird die neue Zentraleinheit auch eine verbesserte Gleitkommaverarbeitung – mit dem bis zu 60fachen einer VAX 11/780 – bieten. Zu ihrer Realisierung werden in großem Umfang, beispielsweise für die Bus-Schnittstelle und den Gleitkomma-Registersatz, anwendungsspezifische Integrierte Schaltungen (ASICs) in 1-$\mu$m-Technologie eingesetzt. *MP*

## Neue Harddisks von Seagate

*3,5-Zoll-Laufwerk ST 3096A*

*Laufwerk ST 157CA für PC ATs*

Der Festplattenhersteller Seagate Technology nutzte die SYSTEMS zur „bislang umfangreichsten Serie von Neuvorstellungen". Herausragend aus diesem Spektrum sind zum einen neue Hochleistungslaufwerke für PC ATs und 386er in Arbeitsplatzrechner- und Fileserver-Anwendungen wie die Familie ST 1144 mit bis zu 120 MByte Kapazität. Zum anderen gibt es eine als neue Harddisk-Generation bezeichnete Familie mit sechs Mitgliedern, die mit ihrer Bauhöhe von nur 1 Zoll insbesondere den Erfordernissen von Laptops entspricht. Das im Bild gezeigte Modell ST 3096A beispielsweise speichert 84 MByte (formatiert) bei 20 ms Zugriffszeit. Interessant sind auch die Steckkartenlaufwerke zum Aufrüsten von PC XTs und ATs. Die fertig konfigurierten und mit Controller versehenen Laufwerke mit bis zu 49 MByte – beim gezeigten Modell ST 157CA – werden in einen freien Slot gesteckt, ohne vorhandene Laufwerke ausbauen zu müssen.

## Neuartiges Speichersystem

Von der Firma Canon wurde ein neues optisches Speichersystem für Computer vorgestellt. Die Daten befinden sich auf einem scheckkartengroßen flachen Datenträger, der in der Schreib-Lese-Einheit mittels Laser beschrieben und gelesen werden kann. Die Speicherkapazität einer Karte beträgt 2 MByte. Die Aufzeichnungsgeschwindigkeit wird mit 15,3 kByte/s, die Lesegeschwindigkeit mit 100 kByte/s angegeben. Die mittlere Zugriffszeit soll zwischen 23 ms und 2,5 s liegen.
Mit der Markteinführung wird 1991 gerechnet, während erste Muster bereits im nächsten Jahr erhältlich sein sollen. *MP*

## RISC-Mikroprozessoren jetzt auch von Siemens

Die Zusammenarbeit zwischen Siemens und MIPS Computer Systems Inc. soll für 32-Bit-Mikroprozessoren nach dem RISC-Prinzip (Reduced Instruction Set Computer) neue Standards setzen. Das ist der Wunsch von Hans-Jörg Penzel (Siemens) und John Mashey (MIPS) anläßlich der Markteinführung der ersten gemeinsamen Produkte. Die Musterschaltkreise der Familie SAB-R2000A bzw. R3000 kommen aus Münchener Fertigung – nur acht Monate nach der Unterzeichnung des Kooperationsabkommens (wir berichteten darüber in MP 4/89, Seite 124). Mit so kurzer Markteinführungszeit sieht sich Penzel, bei Siemens für Standard-ICs verantwortlich, für den europäischen Markt gerüstet.
Auf der Basis von MIPS' Standard-RISC-Architektur wird Siemens eine weltweit unterstützte Familie von Prozessoren, Prozessorkernen und abgeleiteten Produkten anbieten. Der modulare Aufbau der Architektur macht es möglich, Kerne und andere Elemente des Prozessors für sogenannte *Embedded Controller* zu verwenden, wie sie auf dem europäischen Markt für zahlreiche industrielle Anwendungen gefragt sind.
Siemens und die weiteren Partner von MIPS stellen als einzige dem Markt RISC-Chips zur Verfügung, die volle Pin-Kompatibilität zwischen den Chips verschiedener Hersteller garantieren. *MP*

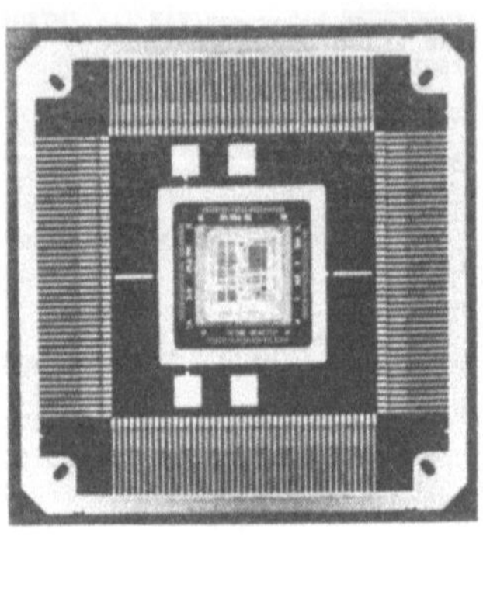

## Neue Universalresiste für galvanischen Aufbau und alkalisches Ätzen

Du Pont hat eine neue Serie von Trockenfilmresisten herausgebracht, die in wäßriger Lösung verarbeitet werden und speziell für galvanischen Aufbau und alkalisches Ätzen entwickelt wurden. Die in Dicken von 38 und 50 $\mu$m lieferbaren Resiste der Riston-Serie 4600 zeichnen sich durch kurze Belichtungszeiten und einen breiten Verarbeitungsspielraum aus. Der Trockenfilmresist hat nach der UV-Belichtung einen deutlichen Farbumschlag. Die unbelichteten Teile sind hellgrün, die belichteten Teile werden dunkelgrün (unter Weißlicht dunkelblau). Dadurch erhält man einen sehr guten Kontrast zu Kupfer, was die Sichtkontrolle nach der Entwicklung erleichtert.
Der 38 $\mu$m dicke Trockenfilmresist Riston 4615 ist in den üblichen alkalischen oder sauren Ätzmedien für Print- und Ätzware einsetzbar und ist in allen in der Leiterplattenindustrie üblichen sauren Galvanobädern beständig. Der 50 $\mu$m dicke Trockenfilmresist Riston 4620 ist durch seine hohe Flexibilität und Widerstandsfähigkeit besonders gut für die Tenting-Technik geeignet.
Die neuen Riston-Trockenfilmresiste werden in 1,0prozentiger Natriumkarbonat-Lösung entwickelt und lassen sich in 1,0 bis 1,5 Prozent Kaliumhydroxid bei 45 bis 85 Grad Celsius strippen.

*MP*

## Supercomputer mit 64-Bit-Prozessoren

Von der amerikanischen Firma NCUBE wird seit einigen Monaten ein neuer Supercomputer angeboten. Er soll im wissenschaftlich-technischen Bereich sowie auf kommerziellem Gebiet Anwendung finden.
In dem Computer sind bis zu 8192 VLSI-Prozessoren mit einer Verarbeitungsbreite von 64 Bit integriert. Jeder Prozessor stellt ein komplettes Computersystem mit folgenden Teilen dar:
- 64-Bit-ZVE (4-Instruction-Pipeline, Daten-Cache mit 8 Registern/Operanden, Instruction-Cache mit 128 Byte)
- 64-Bit-IEEE-Gleitkommaprozessor
- Speicherverwaltungseinheit zur Fehlerkorrektur mit 32-Bit-Datenpfad
- 28 DMA-Kanäle.

Der Computer ist in der Lage, pro Sekunde 60 Milliarden Instruktionen sowie 27 Milliarden skalare Gleitkommaoperationen auszuführen. Als Benutzerschnittstellen werden Sun-3- oder Sun-4-Arbeitsplätze angeboten. So lassen sich Unix (mit ETHERNET) oder Sun-NFS als Nutzerumgebung verwenden. Der Preis des Gerätes liegt, je nach Konfiguration, bei mindestens 500 000 US-Dollar.

*Quelle: Design & Elektronik vom 3. 10. 1989* Z.

## Plotter mit Floppylaufwerk

Von der Firma Graphtec GmbH wurde eine neue Plotterserie für A3-Formate vorgestellt. Die Modelle MP 4300 und MP 4400 verfügen über eine 16-Bit-CPU, eine Speicherkapazität von bis zu 40 KByte sowie Stiftsortierung. In das Modell MP 4400 wurde darüber hinaus ein 3,5-Zoll-Diskettenlaufwerk integriert, das als Datenquelle für den Plotter dienen sowie Plotdaten mitprotokollieren kann. Das Laufwerk entlastet damit den Computer und erleichtert das Mehrfachplotten von Zeichnungen.

MP

## Marktanteil von MS-DOS geht zurück

Einer Prognose des Marktforschungsunternehmens IDC Deutschland GmbH zufolge, soll das Jahr 1992 eine „Wende" im Auslieferungsvolumen des Betriebssystems MS-DOS bringen. Während IDC 1991 noch mit einer Auslieferung von 12,3 Mio DOS-Kopien rechnet, sollen es 1992 nur noch 11,7 Mio Einheiten sein. Die Gründe dafür sieht IDC im verstärkten Einsatz der Betriebssysteme OS/2 und Unix für PCs. 1992 sollen rund 5 % der weltweit ausgelieferten PCs unter Unix betrieben werden. 1988 betrug dieser Anteil 1,7 %. Beim Betriebssystem OD/2 prognostiziert IDC einen Marktanteil von etwa 12 % (1988: 0,4 %). Der Anteil von MS-DOS am Welt-Auslieferungsvolumen werde voraussichtlich im Zeitraum von 1988 bis 1992 von 60 auf 47 % zurückgehen.

*Quelle: Eildienst. – Berlin (1989) 166. – S. 6* Fa

## Bauelemente-Industrie der USA tendiert zu Multichip-Moduln

In der amerikanischen Bauelementeindustrie soll sich gegenwärtig ein neuer Trend zu sogenannten Multichip-Moduln abzeichnen. Bei diesen Multichip-Moduln handelt es sich um Prozessoren, die mit einer größeren Zahl von Speichern in einer gemeinsamen Kapsel zusammengefaßt werden. Dabei ergeben sich z. B. 32-Bit-Prozessoren mit acht DRAMs und mehr als 1 Mio Transistoren pro Modul. Die Multichip-Moduln weisen relativ geringe Abmessungen auf und werden in erster Linie als geschlossene Prozessor-/Speicher-Einheiten extremer Leistungsfähigkeit angeboten.
Die Firma Unisys verwendet bereits die neue Modultechnik in ihrem Desktop-Mainframe-Computer „A1".
Neben IBM wollen auch andere größere, mittlere und teilweise kleinere Firmen die Modultechnik einsetzen. da sie mit dieser Technik auf bewährte Einzelchips auch aus anderen Quellen zurückgreifen können und ohne höhere Integrationsstufe bei den ICs schon jetzt leistungsfähige Bauelemente erhalten. Zum anderen kann man die gleichen Prozessor-Speicher-Kombinationen, die jetzt in Modulform erscheinen, zwar auch mit herkömmlichen ICs auf den üblichen Platinen erzeugen, aber bei dieser Modullösung sinkt die Zahl der Anschlußkontakte um 90 Prozent.
Bei einer solchen Reduktion sind innerhalb der Moduln jeweils zwei gestapelte Leiterbahnschichten erforderlich. Wollte man die gleiche Funktionsdichte pro Grundflächeneinheit auf Platinen erhalten, so wären dort (rechnerisch gesehen, aber nicht realisierbar) bis zu 30 oder 40 übereinanderliegende Leiterbahnen erforderlich.
Bei der jetzt geforderten, möglichst engen Packungsdichte der IC-Kapseln innerhalb der Moduln werden Montagesubstrate mit sehr engen Leiterbahnstrukturen erforderlich. Diese internen Verbindungen können, bei den heute verfügbaren Mitteln, mit einer Auflösung von 100 bis 500 Linien pro Zoll hergestellt werden.
An der Auffindung neuartiger Leiterbahnsubstrate für die Moduln wird gearbeitet.

*Quelle: Neue Zürcher Zeitung vom 7. 6. 1989* Fa

## Chip-Strukturen aus Diamant

Die guten physikalischen Eigenschaften des Werkstoffes Diamant machen ihn für den Einsatz in der Elektronik immer interessanter. Deshalb arbeiten zahlreiche Forschungsteams an Universitäten und in Industrielabors daran, diesen Werkstoff beherrschbar und bearbeitbar zu machen. Das besondere Problem besteht darin, daß kristalliner Kohlenstoff der härteste Werkstoff überhaupt ist und bisher noch nicht, wie Silizium, als Einkristall-Kristallstab gezogen werden konnte. In einem ersten Schritt trägt man daher mikrometerdünne Kohlenstoff-Schichten auf Unterlager auf und läßt sie kristallisieren. Mehrere Forschungslabors beherrschen bereits diese Technik soweit, daß sie beginnen, die Strukturen in Form elektronischer Schaltungen aufzubringen.
Dem Forschungslabor des japanischen Stahlunternehmens Kobe Stell Ltd. gelang mittels des *reaktive-Ionechting*-Verfahrens die photografische Übertragung von Strukturen im Bereich von 20 bis 50 $\mu$m. Als Ätzgas wird ein Gemisch aus Sauerstoff und Kohlenstoff-Tetrafluorid benutzt und unter einer Schutzgasatmosphäre von Argon gehalten. Das Unternehmen will den Prozeß in wenigen Jahren so gut beherrschen, daß es Thermistoren und Schottky-Schaltungen herstellen kann. Nach seiner Einschätzung wären dafür jedoch rund fünf Jahre Forschungs- und Entwicklungszeit notwendig.

*Quelle: Blick durch die Wirtschaft vom 19. 6. 1989* Fa

## Flache Keramik-SMDs

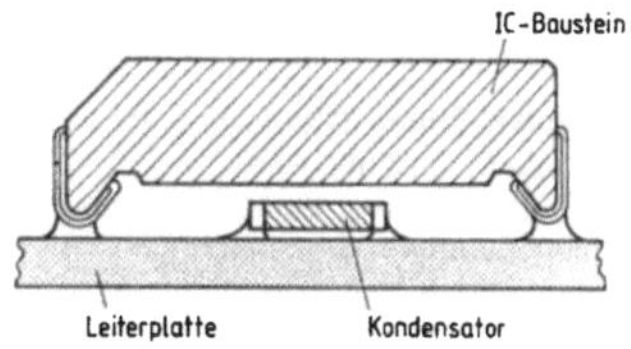


Nur 0,6 mm flach sind die neuen keramischen Chip-Kondensatoren von Siemens. Damit können sie auch platzsparend unterhalb der integrierten Schaltungen auf der Leiterplatte angebracht werden. Speziell der Chip in der Bauform 1206 mit einem Kapazitätswert von 100 nF +/− 20 % hat sich als Entkoppelkondensator für Speicherbausteine bewährt. Seine Kapazität ist für alle Speichergenerationen, also auch für den 4-MBit-Speicher, geeignet.
Der Kondensator erfüllt die Z5U-Charakteristik und ist für Reflow- und Schwallötungen mit Silber-Nickel-Zinn-Kontakten lieferbar. Für Leitklebeverbindungen steht alternativ dazu eine Silber-Palladium-Version zur Verfügung. Weitere Keramikmassen (COG, X7R) sind in verschiedenen Bauformen (0805, 1206 und 1210) erhältlich. MP

## 32-Bit-Mikroprozessor von Hitachi

Auf der Basis der BICMOS-Technologie entwickelte die japanische Firma Hitachi Ltd. einen leistungsfähigen 32-Bit-Mikroprozessor, der eine Verarbeitungsgeschwindigkeit von 70 Mio Befehlen pro Sekunde erreichen soll. Diese hohe Geschwindigkeit und die große Integrationsdichte von bis zu 530 000 Transistoren auf einem Chip mit einer Größe von 13 mm wurde durch die BICMOS-Technologie möglich, die die Vorteile der CMOS- mit der der Bipolar-Technologie auf einem Chip vereint. So wird eine Arbeitsfrequenz von 70 MHz bei einer Verlustleistung von nur 2,1 W erreicht. Die Strukturbreiten des neuen Prozessorchips liegen bei 1 nm.

*Quelle: New Technology Japan vom Mai 1989* Fa

## 5400 U/min bei Plattenlaufwerk

Die Firma Imprimis (USA) arbeitet an der Entwicklung eines Plattenlaufwerkes (5,25 Zoll), das mit einer Geschwindigkeit von 5400 Umdrehungen pro Minute arbeitet. Bisher wurden diese Festplatten durchweg mit 3600 U/min betrieben. Durch die Geschwindigkeitssteigerung können die Daten nun mit höherer Frequenz (25 MHz) von der Platte gelesen werden. Außerdem soll sich die Latenzzeit auf 5,56 Millisekunden verringern. Ein neuer Aktuator hilft zusätzlich, die Suchzeit (über die volle Plattenspurbreite) auf durchschnittlich 12 ms zu senken. Das mit zehn Platten ausgestattete Gerät ist in einem Standardgehäuse untergebracht. Unbeabsichtigt kam es zu dem Nebeneffekt der hohen Drehgeschwindigkeit: Der zentrifugale Luftstrom, der die Präzision mit beeinflußt, ist gleichmäßiger als üblich.

*Quelle: Elektronik. – München 38 (1989) 20. – S. 6* Fa

## Transistor mit 24 „Schwellwerten"

Eine Neuentwicklung im Bereich der Quanteneffekt-Halbleiter ist ein von den AT & T Bell Laboratories vorgestellter „Multistatus"-Transistor. Mit diesem neuen Transistor sollen sich gegenwärtig bis zu 24 unterschiedliche Ein-/Ausgangspunkte für Steuersignale festlegen lassen, während es beim klassischen Transistor nur einer ist. Das würde bedeuten, daß sich in bestimmten Schaltungen bis zu 24 Einzeltransistoren ersetzen lassen. Dieser Transistor wurde bereits in Bauelementen beim Parity-Bit-Chekking, in Frequenzmultiplexern und in Konvertern mit Pegelerhöhung erfolgreich im Labor getestet.
Bei dem neuen Transistor stützt sich AT & T auf einen Quanteneffekt, der in sehr dünnen Halbleiter-Schichten von einigen Angstroem Dicke auftritt. Im Gegensatz zum normalen Elektronen- und Löscher-Transport durch die Sperrschicht, findet bei Quanteneffekt-Halbleitern eine trägerlose „Übertragung" von Energiezuständen statt. Dies hat zur Folge, daß deutlich geringere Schaltzeiten erzielt werden. Wie AT & T bekannt gab, wurde bereits eine Betriebsfrequenz von 24 GHz erreicht.

*Quelle: Elektronik. – München 38 (1989) 18. – S. 7* Fa

## Biochip arbeitet mit Nervenzellen

Auf dem Gebiet der Biochip-Forschung arbeiten auch die Wissenschaftler der Washington State University, unter der Leitung von Professor Dr. Bernhard Van Wie. Sie entwikkelten auf der Grundlage der Nervenzellen aus dem Gehirn von Schlangen einen Biochip, der als Sensorelement zur hochempfindlichen Registrierung von Chemikalien auch in winzigen Spuren dient. Die ersten Meßergebnisse zeigten, daß sich die bekanntlich hochentwickelte Riechfähigkeit von Schlangen nicht ausschließlich auf ihre natürlichen Beutetiere beschränkt. Die weiteren Forschungsarbeiten richten sich nun auf die Ermittlung der erfaßbaren Chemikalien. Zugleich muß die Lebensfähigkeit der Schlangen-Nervenzellen verlängert werden.
Das Forscherteam arbeitet auch mit Nervenzellen (Neuronen) anderer Tierarten, um herauszufinden, welche für langfristig operierende Sensorelemente eingesetzt werden können. Es ist aber noch nicht absehbar, ob und wann derartige Systeme industriell einsatzfähig sein werden.

*Quelle: Blick durch die Wirtschaft vom 20. 6. 1989* Fa

### Mikroprozessoren und Mikrorechner

*Hardware und Software*

von W. Meiling und R. Fülle, 1. Auflage, Akademie-Verlag Berlin, 1988, 491 S., 162 Abbildungen, 60 Tabellen, DDR 75,– M

Dieses Buch ist bereits der 25. Band der wespenfarbenen Reihe Informatik · Kybernetik · Rechentechnik. Sein Klappentext gibt als Zielgruppe „Anwender und künftige Nutzer von Mikrorechnern" an. Der erste Blick auf die vierfach unterteilte Gliederung läßt aber eher vermuten, daß dem geübten Wissenschaftler eine wohlproportionierte Gedächtnisstütze geboten werden soll. Für wen also wurde dieses Buch geschrieben?
Im Einführungskapitel werden die Begriffe Mikroprozessortechnik, Mikrorechentechnik und Mikroelektronik geklärt. Der Entwicklung der Speicher- und Prozessorschaltkreise folgt eine Zeittafel zur Entwicklung der Rechentechnik und der Mikroelektronik. Diese Informationen sind gut aufbereitet, enthalten aber für den „künftigen Nutzer" leider zu viele ungeklärte Fachbegriffe. Einige dieser Begriffe können allerdings mit dem rund 570 Stichwörtern enthaltenden Sachregister geklärt werden.
Im nächsten Kapitel werden die Rechnerarchitekturen, angefangen natürlich bei von Neumann, behandelt. Es schließt sich eine umfangreiche Behandlung des Aufbaus und der Funktion von Mikroprozessoren an.
Anschließend werden die 8-, 16- und 32-Bit-Mikroprozessoren vom i8080, Z 80 und MC 6800 bis zum i80386 und MC 68020 ausführlich mit Pinbeschreibungen und teilweise mit Befehlserläuterungen dargestellt. 52 Seiten nimmt hiervon allein die Familie i80x86 ein. Das unterstreicht die Bedeutung, die diese Prozessorfamilie zur Zeit in der Mikrorechentechnik spielt (zum Vergleich: 19 Seiten zum Z 8000 und 14 Seiten zum MC 680x0).
Das Erscheinungsdatum des Buches – Ende 1988 – läßt schlußfolgern, daß die Autoren bemüht waren, neueste Mikroprozessoren und Rechnerarchitekturen aufzunehmen. Das entschuldigt auch ein wenig die Tatsache, daß das Buch im Interesse einer schnellen Veröffentlichung als „Reproduktion" eines Rechnerausdruckes ausgeführt wurde.
Nach einem weiteren Kapitel zur Hardware, das unter anderem solche Begriffe wie Mikrocontroller, Bussysteme und Interfaces klärt, folgen rund 200 Seiten Software. Hier werden so bedeutende Betriebssysteme wie CP/M, MS-DOS, Unix und BOS 1810 in Verbindung mit einzelnen Dienstprogrammen erläutert.
Im Kapitel Anwenderprogrammierung geben die Autoren Hilfestellungen bei der Beurteilung der Qualität von Programmen; sie geben außerdem Hinweise zur Methodik der Softwareentwicklung. Der Komplex Programmiersprachen enthält unter anderem einen Vergleich so bekannter Sprachen wie Basic, Fortan, Turbo-Pascal und C. In einem gesonderten Abschnitt werden echtzeitfähige Programmiersprachen behandelt, zum Beispiel Pearl, concurrent Pascal, Modula-2, Chill und Ada.
Aufgrund der von W. Meiling und R. Fülle gewählten wissenschaftlich exakten Darstellungsweise würde ich die eingangs gestellte Frage so beantworten: Das Buch kann vor allem Studierenden, die sich mit Informatik oder Rechentechnik beschäftigen müssen, und „künftigen Nutzern von Mikrorechnern" mit einer Hoch- oder Fachschulausbildung, die sich in die Mikrorechentechnik einarbeiten wollen, empfohlen werden. *H. Hemke*

### DOS 4.0 Power User's Guide

von B. Rupp, Dr. Alfred Hüthig Verlag, Heidelberg 1989, 225 S., mit Programmdiskette, ISBN 3-7785-1809-7

Ein gutes Buch, das allen Anwendern zu empfehlen ist, die beschlossen haben, für den restlichen gemeinsamen Weg mit MS-DOS die Version 4.0 zu wählen. Denn darüber besteht kein Zweifel: Angesichts des Markteintritts von OS/2 wird DOS wohl noch angepaßt und verbessert, aber nicht mehr weiterentwickelt. Überhaupt ist fraglich, ob sich diese Version zum neuen Standard mausern kann. Die gleiche Situation gab es übrigens auch bei CP/M, wo sich die letzte Version 3.0 nie so recht durchgesetzt hat. Die wirklich nennenswerten Vorteile beschränken sich auf eine grafische Nutzeroberfläche, die Verwaltung größerer Festplatten (bis 2 Gigabyte) und EMS-Unterstützung. Demgegenüber gibt es aber Inkompatibilitäten, die z. B. bewirken, daß die beliebten Norton-Utilities nicht mehr genutzt werden können. Ursache dafür ist die Erweiterung einer DOS-internen Tabelle, des DOS Parameter Blocks (DPB) im Zusammenhang mit der Verwaltung großer Festplatten. Programme, die direkt zugreifen, bleiben auf der Strecke. Diese Details wird Ihnen das Buch aber nicht verraten, denn es ist nicht für Insider gedacht. (Für derartige Probleme sei aber die c't 4/89, S. 170, empfohlen.) Der Autor nennt die Zielgruppe „mündige DOS-Anwender", was sich auch darin ausdrückt, daß das übliche Fachlatein vorausgesetzt wird. Während sich viele Begriffe einfach nicht sinnvoll übersetzen lassen, spielt aber wohl auch die amerikanische Adresse des Autors eine Rolle. Oder wissen Sie, was Troubleshooting ist? Die Darstellung beschränkt sich nicht auf Neuerungen gegenüber der Version 3.3 – die einen gesonderten Abschnitt einnehmen –, so daß das Buch auch für Einsteiger geeignet ist. Ziel ist nicht Vollständigkeit (für die es Handbücher gibt); statt dessen wird praktisches Wissen vermittelt. Sehr gut gewählt sind die zahlreichen Beispiele, um eine Vorstellung von den erklärten Sachverhalten zu entwickeln. Dafür wurden neben der DOS-Kommandosprache auch Turbo-Pascal, Turbo-C und ANSI-Fortran verwendet, so daß jeder das neue Wissen in seiner Haussprache ausprobieren kann. Und damit der Spaß nicht bei der Tipparbeit verlorengeht, gehört eine Diskette zum Buch, die alle Beispielprogramme, die DOS 4.0-Systemfiles und eine eigene kleine Shell beinhaltet.
Breiten Raum nimmt die Installation des Systems und die Nutzung der neuen DOS-Shell ein. Das ist sicherlich sinnvoll, denn wer hat sich noch nicht über fehlende Umlaute, falsche Laufwerksformate und nicht angepaßte Drucker geärgert. Das Buch kann aber auch von Nutzern gelesen werden, die DOS 4.0 noch nicht gekauft haben, um sich über die Möglichkeiten der neuen Version zu informieren. Der Autor sagt auch, wann es keinen Sinn hat: Ohne Festplatte zum Beispiel – und auf einem 386er nimmt man besser gleich OS/2.
Positiv fällt auf, daß der Autor einerseits mit leichter Feder schreibt, auch mit persönlichen Erfahrungen und Ansichten nicht spart, andererseits die Fakten aber übersichtlich und exakt darstellt. Bei der Lektüre des Buches fühlt man sich zu keiner Zeit allein gelassen. Mit Warnungen vor zu erwartenden Widrigkeiten und Fehlern sowie mit nützlichen Hinweisen wird der Leser auf dem Weg durch das neue Terrain auf angenehme Art und Weise begleitet. Der Attacke des Autors gegen den Kopierschutz, den er „geradezu als Körperverletzung" empfindet, ist nichts hinzuzufügen. *U. Schulze*

### Intel-80386-Systemprogrammierung

Übersetzung aus dem Amerikanischen von V. Sasse, Markt Technik-Verlag, Haar bei München 1989, 239 S., 78 Abb., 15 Tab., 79,– DM

Im vorliegenden Fachbuch sind zwei grundlegende Publikationen der Fa. Intel zum Mikroprozessor Intel 80386 zusammenfaßt. Der erste Teil des Buches ist eine Einführung in die Architektur (Introduction to the 80386). In kompakter, ansprechender und verständlicher Form werden die Entwurfsziele, die Funktionsprinzipien und die Struktur des 32-Bit-Mikroprozessors beschrieben. So werden im ersten Kapitel die wichtigsten Merkmale des Mikroprozessors zusammenfassend dargestellt. Im zweiten Kapitel werden Registerstruktur, Adressierung und Datentypen beschrieben. Im dritten Kapitel werden Systemregister, Multitasking-Unterstützung, dynamische Adreßumsetzung und virtueller Speicher, Schutzmechanismen, Systemruf-Organisation sowie die Interrupt-Organisation behandelt. Der vierte Abschnitt ist den Kompatibilitätsproblemen zum Intel 8086 und Intel 80286 gewidmet, und im fünften Kapitel werden die Hardwarestruktur, Pinbelegung und Busorganisation dargestellt.
Der zweite, umfangreichere, Teil des Buches ist den eigentlichen Fragen der Systemprogrammierung (80386 System Software Writer's Guide), d. h. sowohl den Fragen der systemnahen Programmierung wie auch der Implementierung von Betriebssystemen auf dem Intel 80386, gewidmet.
Im sechsten Kapitel werden die Register- und Datenstrukturen zur Tasksteuerung erklärt. Das siebente Kapitel behandelt ausführlich die Implementierung des Segmentations- und Seitensteuerverfahrens zur Realisierung des virtuellen Adreßraumes. In den Kapiteln 8 bis 11 wird auf die Programmierung von Interrupts und Exceptions, Systemaufrufen, Ein- und Ausgaberoutinen und die Initialisierung des Prozessors eingegangen. Im zwölften Kapitel werden Unterschiede zwischen den Koprozessoren 80387 und 80287 sowie Besonderheiten ihrer Programmierung behandelt. Im 13. und 14. Kapitel werden aus der Sicht der Systemprogrammierung Fragen der Kompatibilität zum 80286 und 8086 erörtert, insbesondere werden die verschiedenen Modi zur Abarbeitung von 8086-Programmen erklärt. Im letzten Abschnitt werden anschaulich Probleme der Portierung eines UNIX-System-V-Betriebssystems auf die 80386-Architektur anhand einer hypothetischen Implementation diskutiert.
Nicht enthalten sind im Buch die Intel-Schriften „80386 Programmer's Reference Manual" und „80386 Hardware Reference Manual", die für ein tiefgreifendes Verständnis und für das weitergehende Studium erforderlich wären. Auch sind die enthaltenen Programmbeispiele alle in ASM386 geschrieben, deren volles Verständnis zumindest zusätzlich eine Befehlsliste des 80386 erforderlich macht. Auch setzt der zweite Teil des Buches grundlegende Kenntnisse über Funktionsprinzipien von Multitasking-Betriebssystemen voraus. Insgesamt kann abschließend das Fachbuch jedem interessierten Leser als die grundlegende Einführung in Architektur und Systemprogrammierung des modernen 32-Bit-Mikroprozessors Intel 80386 nur empfohlen werden. *Prof. Dr. Th. Horn*

### dBase III

von W. Grafik. Berlin: Verlag Technik, 1989. 240 S., 31 Bilder, 15 Tafeln. ISBN 3-341-00703-2

Vor mehreren Monaten nun schon erschienen, ist dieses Buch ein gelungenes Lehr- und Nachschlagewerk, das sicher immer noch reißenden Absatz finden würde. Leider liegt auch hier die geplante Auflagenhöhe um Haaresbreite unter dem Bedarf, so daß sich der eine oder andere interessierte Datenbankfreak mit einem aus der Bibliothek entliehenen Exemplar helfen muß. All jenen wünsche ich, daß die zweite Auflage noch vor dem weltweiten Übergang von dBase III zu dBase IV erscheint. Einige Beratungsmuster sollen ja auch schon vorhanden sein.
Die dBase-Nutzer ohne spezielle Vorkenntnisse sind mit diesem Buch besonders angesprochen; wer schon Erfahrungen mit dBase II hat, kann einige Abschnitte überfliegen und wird es wahrscheinlich mehr zum Nachschlagen nutzen. Ein- und Umsteiger kommen so gleichermaßen auf ihre Kosten, insbesondere auch durch die in Ergänzung zu der Referenzkarte in der MP 3/89 sehr ausführliche Beschreibung aller dBase III-Kommandos mit vielen Querverweisen zu ähnlichen oder zusammengehörenden Kommandos und zu den Abschnitten des Buches, in denen sie ausführlich beschrieben sind.

Auch die Ergänzungen in dBase III Plus sind als letzte Aktualisierung im Anhang enthalten.
Nach einer Einführung in die Grundlagen der dBase III-Datenbankarbeit mit vielen wichtigen Informationen, die zudem leichtverständlich und doch exakt gegeben werden, folgt – meiner Ansicht nach ein wenig früh die *Besichtigung einer Datenbank.* Man könnte jetzt streiten, wer zuerst auf dem PC war, dBase oder die Datenbank. Ich meine aber, daß das Kommando CREATE zum Anlegen einer Datenbank auf Seite 68 vielleicht doch etwas weit hinten liegt. Vielleicht aber gibt es bei dBase auch so etwas wie unbefleckte Empfängnis. Nun gut, wie heißt es, ein Blick ins Buch und zwei ins Leben. Und so wird der findige Leser schon ergründen, wo es das gibt, was er braucht. Die Benutzung der Datenbank wird dann aber wie schon gewohnt genau, gründlich und mit vielen Beispielen erläutert, die jeder (wenn er erst mal eine hat) leicht nachvollziehen kann. Interessant dürften auch die vielen kleinen Tips und Tricks sein, die wie nebenbei mitgeliefert werden. So kann man beispielsweise ab der deutschen Version 1.1 davon ausgehen, daß die Umlaute und der Buchstabe *ß* richtig einsortiert werden. Vielfältige Möglichkeiten bieten auch die gegenüber dBase II neuen, ausführlich beschriebenen Datumsfunktionen und die Hinweise zur direkten softwaremäßigen Steuerung des Druckers mit dBase. Die Beispiele sind oft durch den direkten Abdruck des Bildschirminhalts aufgelockert und ergänzt, so daß Sie sofort überprüfen können, ob Sie das gleiche Ergebnis auf Ihrem PC erreichen. Der Autor macht auch auf Fehlerquellen aufmerksam, die beispielsweise beim Anhängen (APPEND) von Datensätzen einer Datei mit anderer Struktur auftreten können. Wenn die Felder der Zieldatei beispielsweise kürzer sind als die der Quelldatei, werden die restlichen Zeichen ohne Fehlermeldung abgeschnitten. Besonders ärgerlich, wenn man es nicht gleich merkt. Praktische Beispiele verdeutlichen auch das Aufbereiten und Ausdrucken von Listen für den schnellen aktuellen Überblick. Ganz ohne Statistik geht's nun mal nicht.
Ein vergleichsweise leider etwas geringer Teil (14 Seiten) wird direkt der Programmierung mit dBase III gewidmet; die prinzipielle Arbeit mit Kommandodateien aber an Beispielen nachvollziehbar erläutert, ebenso die Arbeit mit Prozedurdateien und die Nutzung von Parametern.
Mir gefällt an diesem Buch besonders, daß nicht alles bejubelt wird, sondern sachlich die riesigen Möglichkeiten von dBase III den Grenzen und Mängeln gegenübergestellt werden. So ist es Ashton-Tate immer noch nicht gelungen, einen akzeptablen Texteditor für MODIFY COMMAND in das System zu integrieren; eine kleine Anleihe bei Borland könnte da vielleicht Abhilfe schaffen. Aber das Installieren von dBase III durch die SET-Kommandos oder das Ändern der Datei CONFIG.DB kann nicht nur diesen, sondern auch andere Mängel beheben. 26 Seiten sind der kompletten, alphabetischen Befehlsübersicht gewidmet; im Anhang sind alle Funktionen von dBase III aufgeführt, und es wird auch ein Ausblick auf dBase III Plus gegeben.
Alles in allem ein Buch, das ein dringendes Informationsbedürfnis unserer PC-Nutzer befriedigen kann.

*J. Hill*

## Bussysteme in Mikrorechnerautomatisierungsanlagen

von J. Sawatzky. Schriftenreihe der Betriebssektion der KDT des VEB GRW „Wilhelm Pieck“ Teltow 1986, Heft 16, 86 S., 48 Abb., 7 Taf., 64 Lit., DDR 8,– M

Der Autor legt mit dem Heft 16 eine längst fällige Monographie zur Problematik der busgebundenen Datenübertragung vor. Dezentral strukturierte mikrorechnergestützte Automatisierungsanlagen basieren auf der digitalen Informationsverarbeitung, -übertragung und -speicherung. Die digitale serielle Informationsübertragung wird in derartigen Strukturen durch Bussysteme realisiert. In der Broschüre geht der Autor ein auf
– Stellung und Bedeutung der seriellen Datenübertragung in Automatisierungsanlagen
– Strukturen und Funktionen der Bussysteme
– das Schichtenmodell der Datenübertragung
– Standardisierung von Datenübertragungssystemen
– ausgewählte Anlagenbussysteme sowie
– Entwicklungstendenzen bei Anlagenbussystemen.
Ausgehend von dem im Prozeßleitsystem audatec verwendeten audatec-Bussystem, werden die Parameter leistungsfähiger Anlagenbussysteme ausgewählter internationaler Prozeßleitsysteme miteinander verglichen. Auf Notwendigkeit, Stand und Perspektive der Standardisierung von digital-seriellen Datenübertragungssystemen wird eingegangen. Der Autor schätzt ein, daß neben den weit verbreiteten Anlagenbussystemen die Feldbussysteme zunehmend an Bedeutung gewinnen werden. Abgerundet wird die Broschüre durch ein Abkürzungs-, Bild- und Tafelverzeichnis sowie ein umfangreiches Literaturverzeichnis, das dem Autor ein tiefgründiges Quellenstudium bescheinigt. Ein Sachwortverzeichnis mit der Möglichkeit des kurzfristigen Einstiegs in die anspruchsvolle Thematik wird vermißt. Der Problemkreis der digital-seriellen Datenübertragung wird so verständlich und übersichtlich dargestellt, daß sie einen breiten Leserkreis anspricht.
Zu beziehen ist die Veröffentlichung über die Betriebssektion der KDT oder die Zentrale Informationsstelle Wissenschaft und Technik des VEB GRW „Wilhelm Pieck“ Teltow, Oderstraße 74–76, Teltow, 1530, zum Preis von 8,– M.

*Blackert*

## C für Profis

*Techniken – Anwendungen – Konzepte*

von D. E. Krekelberg und G. E. Sobelman. Übersetzung aus dem Amerikanischen von A. Stocklauser Markt Technik-Verlag, Haar b. München, 1987, 293 S., 47 Abb., 4 Anlagen, 1 Diskette, 69,– DM

Das vorliegende Fachbuch zweier namhafter amerikanischer Spezialisten wendet sich in erster Linie an „professionelle“ C-Programmierer. Die Kenntnis des Sprachstandards gemäß B. W. Kernighan und D. M. Ritchie „The C Programming Language“ oder vergleichbarer Publikationen und praktische Programmiererfahrungen werden grundsätzlich vorausgesetzt.
Im ersten Kapitel werden einige grundlegende Einführungen zum Top-Down-Programmentwurf, zur Programmstruktur und Programmportabilität gemacht. Im zweiten Kapitel werden als weitere Grundlage für die nachfolgenden Kapitel ausgewählte Probleme aus dem Themenkreis Zeiger und Felder sowie die Funktionen zur dynamischen Speicherverwaltung behandelt. Das dritte Kapitel gibt eine Einführung in Strukturen, Vereinigungen (Varianten) und Bitfelder, und das vierte Kapitel behandelt speziell den Themenkreis rekursiver Funktionen im Vergleich zu Iterationen und den Funktionsaufruf über Funktionszeiger. Die Rekursion wird sehr anschaulich am Denkspiel „Turm von Hanoi“ dargestellt.
Auf der Grundlage dieser Kapitel wird im zweiten Teil des Buches mit den Kapiteln 5 und 6 eine hervorragende Einführung in Listen und Bäume gegeben, die in der professionellen Programmierung von der Datenverwaltung bis hin zur Compilertechnik sehr weit verbreitet sind. Bei den Listen werden einfach und doppelt gekettete Listen, Stapel, FIFO-Schlangen und Listen von Listen behandelt. Bei den hierarchisch strukturierten Bäumen werden vor allem die Auswertungsstrategien und Baumoperationen diskutiert und an Beispielen gezeigt.
Im abschließenden dritten Teil des Buches wird, aufbauend auf den beiden ersten Teilen, ein anspruchsvolles professionelles Grafikinterface erarbeitet, das auf IBM-PCs mit Farbgrafik-Adapter unter MS-DOS und anderen Computern mit pixelfähigen Bildschirmen unter UNIX eingesetzt werden kann. So wird im Kapitel 7 eine Einführung in Grafiksysteme gegeben, ohne dabei auf internationale Standards wie GKS einzugehen, deren Implementierung für PCs zu aufwendig ist. Dieses Kapitel dient der Einführung in ein segmentorientiertes Grafiksystem, dessen vollständiger Quellkode im Anhang A abgedruckt ist. Die Kapitel 8 und 9 beschreiben eine anspruchsvolle Benutzerschnittstelle mit Fenstern und Menüs, ähnlich wie es vom Apple Macintosh oder von Atari-ST-Rechnern her bekannt ist. Die vollständige Funktionsbibliothek zur Realisierung dieser Benutzerschnittstelle beinhaltet Anlage B.
Die beiliegende Diskette enthält den vollständigen Quellkode beider Funktionsbibliotheken, die Grafik-Primitiven zum Implementieren der Funktionsbibliotheken auf einem IBM-PC und Demonstrationsprogramme.
Abschließend sei dieses Fachbuch allen Lesern empfohlen, die sich vertiefende C-Kenntnisse aneignen wollen oder sich speziell für die Programmierung von Listen und Bäumen bzw. für die Implementierung von anspruchsvollen Grafikschnittstellen interessieren.

*Prof. Dr. Th. Horn*

## Rationell auf dem PC programmieren

von G. Wostrack, Dr. Alfred Hüthig, Verlag, Heidelberg 1989, 296 Seiten, ISBN 3-7785-1687-6

Die in diesem Buch behandelten grundverschiedenen Sachgebiete werfen die Frage nach der Zielgruppe auf. Mir fallen da nur Informatikstudenten ein und vielseitig interessierte – aber theoretisch vorbelastete – Freaks: Zu breit gefächert ist das Themenspektrum.
Fraglich ist doch, ob sich der Programmierer einer Inferenzmaschine in Prolog auch für speicherresidente Programme in Assembler interessiert und ob gleichermaßen Hilfe für die Syntaxanalyse von Programmiersprachen und die Berechnung verdeckter Kanten grafischer Objekte vonnöten ist. Womit einige Themen schon genannt wären. Nach jedem Kapitel fragt man sich: Schon alles? und wünscht sich ein ganzes Buch darüber. Denn die Darstellung der recht komplexen Sachverhalte erfolgt so, wie man es sich öfter von Büchern wünschte: Übersichtlich und verständlich. So wird dem Leser für das Umlenken der Tastatureingabe auf eine eigene Routine nicht nur ein Programmrahmen angeboten (wie man ihn auch anderswo findet), sondern in einem Bild der genaue Weg eines Zeichens von der Hardware in den Tastaturpuffer gezeigt. Auf gleiche Weise werden Breiten- und Tiefensuchverfahren in Binaerbäumen und vieles mehr erläutert – alles Sachverhalte, deren Erschließung aus einer profanen Beschreibung heraus sich schwierig gestaltet. Das macht den eigentlichen Wert des Buches aus.
Der Autor will das Buch aber auch als Sammlung nützlicher Routinen für stets wiederkehrende Aufgaben verstanden wissen. So offeriert ein Kapitel eine vollständige (und reichlich kommentierte) Prozedursammlung für Pull-Down-Menüs, die hoffentlich viele Leser zur Gestaltung einer zeitgemäßen Nutzeroberfläche für ihre Programme anregt. Die Nutzung vorgefertigter Module ist dafür umgänglich, wenn nicht mehr Zeit für das Programm-Outfit verwendet werden soll als für dessen eigentlichen Inhalt. Wer die Maus nutzen will, findet auch gleich noch eine Schnittstellenbeschreibung, die man oftmals vergeblich sucht. Das Beispiel für natürlichsprachlichen Dialog ist wohl eher Spielerei. Ernsthaft und fesselnd dagegen sind die Ausführungen zu Strategiespielen. Vorgestellt wird das Amazonenspiel, bei dem abwechselnd Figuren positioniert werden, die sich wie Dame und Springer beim Schach bedrohen. Eine Gewinnstrategie als Pascal-Programm steht für das prinzipielle Vorgehen bei Strategiespielen.
Einige Themen können leider nur als Anregung verstanden werden – so die Arbeitsweise von Programmen zur Rechtschreibprüfung auf 6 Seiten.
Die Hälfte des Buches nehmen Beispiele ein, teils nur den Weg andeutend, teils vollständig ausformuliert. Damit sollen jedoch keine fertigen Lösungen für die aufgeworfenen Probleme geliefert werden. Vielmehr dienen sie dazu, allgemeine Prinzipien moderner Softwareentwicklung für den Entwurf strukturierter, wartungsfreundlicher und weitgehend verifizierbarer Programme zu vermitteln. Dazu verlangt es vom Programmierer aber etwas Disziplin. Wie sagt doch der Autor: „An sich sind die Grundsätze des Software-Engineering so einfach und überzeugend, daß jeder sie fast automatisch anwenden könnte.“

*U. Schulze*

### *Für Forth-Interessierte:*

Von der Interessengemeinschaft Forth der Kammer der Technik in Ilmenau wird auf folgende neue Broschüre der KDT hingewiesen:
*Krapp, M.; Schwartz, J.; Jahn, D.:*
**Handbuch zu singleFort, scpFORTH, multiFORTH**

**Der Vertrieb erfolgt über den KDT-Bezirksverband Suhl, PSF 510, Suhl, 6000.**

### Entwicklungssystem für U 88x-Programme

Das Programmpaket **GEMMA** ist ein vollständiges Entwicklungssystem mit integriertem Editor, Assembler, Reassembler, Debugger, Simulator und mit zwei universellen Emulator-Schnittstellen. Das Entwicklungssystem ist für IBM-PCs geschrieben und auf den Modellen XT und AT sowie auf Kompatiblen lauffähig. Vorausgesetzt werden mindestens 350 KByte RAM, das Betriebssystem MS-DOS als Version 3.0 und ein beliebiger Video-Adapter, der 80 Zeichen pro Zeile darstellen kann. Die Bedienerführung des integrierten Systems erfolgt mittels Pull-down-Menüs und ermöglicht damit eine unkomplizierte und gebräuchliche Benutzung (analog zu Turbo-Pascal 5.0). Helps sind in jeder Ebene aufrufbar.
Bei Interesse kann eine Demo-Version angefordert werden.

**Humboldt-Universität zu Berlin, Sektion Elektronik, Bereich Technische Informatik, Invalidenstraße 110, Berlin, 1040; Tel. 2 80 35 75** *Prof. Dr. Zaremba*

### P8000-Gerätetreibersoftware unter WEGA

Es werden Gerätetreibermodule für folgende periphere Geräte zur Nachnutzung angeboten:
- Plotter K 6418
- Seriendrucker SD 1152
- Schreibmaschine S 6120.

Zum Lieferumfang gehören der entsprechende Treibermodul sowie eine Anleitung für das Einbinden des Treibers in den Systemkern.

**VEB Nachrichtenelektronik Greifswald, Abt. H/HE, Koll. Philipp, Brandteichstraße 25, Greifswald, 2200; Tel. 6 62 93** *Rose/Schidlowski*

### Entwicklungswerkzeuge für comFORTH 2

Zur Unterstützung der Softwareentwicklung unter dem System comFORTH 2 wurde eine Reihe von Werkzeugen entwickelt, die sowohl die Entwicklung großer Programme unterstützen als auch den Programmierer von Routineaufgaben entlasten. Zu den unter der Bezeichnung **Entwicklungspaket** angebotenen, nicht betriebssystemabhängigen Komponenten gehören:
- leistungsfähiger Bibliothekar zur Verwaltung großer Quelltextbestände
- mächtige Zeichenkettenbefehle (lexikalische Vergleiche und Suchbefehle)
- Wortschatz zum Zugriff auf unstrukturierte (Wordstar-)Dateien (Lesen und Schreiben von Zeichen, Blöcken und Zeilen, Laden/Listen von Textdateien)
- automatische Generierung von Glossarrahmen während des Ladevorgangs, Sortieren und Verbinden von Glossardateien
- konfigurierbare On-line-Dokumentation – Umlenkung der Ein-Ausgabekanäle (SUBMIT, Ausgabe auf Datei, Parallelschaltung von Ausgabegeräten, Anfertigen von Sitzungsberichten)
- komfortabler Druck von Quellprogrammen.

Bitte fordern Sie weiteres Informationsmaterial an.

**Wilhelm-Pieck-Universität Rostock, Sektion Technische Elektronik, WB Automatische Steuerungen, Albert-Einstein-Straße 2, Rostock, 2500; Tel. 40 52 02** *Dr. Pfüller*

### MAK-Werte-Speicher

Dieser **rechnergestützte Datenspeicher** ist als Hilfsmittel für Sicherheitsinspektoren, WAO-Mitarbeiter, Projektanten und Leiter konzipiert. Er ermöglicht eine schnelle Information zu 500 Substanzen aus dem Giftgesetz und aus der MAK-Werte-Liste (TGL 32610/02), bezüglich wesentlicher arbeitshygienischer, arbeitsmedizinischer, brandschutztechnischer und physikalischer Daten sowie spezieller Hinweise zur Verwendung der Substanz. Außerdem wird auf insgesamt 9 weitere Informationsquellen mit Standortangabe, Inhalt und Nutzerbedingungen hingewiesen, wobei jeder Substanz nur die Quellen zugeordnet sind, die auch Angaben zur betreffenden Substanz enthalten.
Die Nutzung erfolgt in einem einfach handhabbaren Bildschirmdialog. Es ist eine gezielte Recherche mit verschiedenen Suchbegriffen (Namen, Namensfragmente, CAS-Nummer, Satznummer) möglich, in deren Ergebnis man alle Informationen zu einer Substanz (auch gedruckt) erhalten kann.
Es schließt sich eine Recherche nach den genauen Bezeichnungen, Inhalten, Standorten und Nutzungsbedingungen der zutreffenden Quellen an. Weiterhin ist es möglich, Kennblätter einzelner Substanzen sowie Listen der Quellen, von deren Standorten und Listen mit allen Substanzen ausdrucken zu lassen. Eine Anwenderdokumentation mit ausführlicher Begriffserklärung gestattet eine rasche Einarbeitung.
Zur Nachnutzung ist ein Rechner vom Typ A 7100 mit dem Betriebssystem SCP 1700 nötig. Das Programm befindet sich mit der Basissoftware REDABAS auf einer Diskette (5,25" ,DD/DS,SCP-Format, 624 KByte) und benötigt darauf einen Speicherplatz von 300 KByte. Der Bezug ist ab sofort möglich. Es ist ein Änderungsdienst vorgesehen.

**Zentralinstitut für Arbeitsschutz beim Staatssekretariat für Arbeit und Löhne, Forschungsgruppe Technischer Schadstoffschutz, Gerhart-Hauptmann-Straße 1, Dresden, 8020, Tel. 47 05 72** *Dr. Röder/Dr. Bux*

### CP/M 2.2+ auf MC 80.3x

Die Geräteserie MC 80.30 (31, 33) verfügt über gute Hardwarevoraussetzungen, um als grafikfähiges Steuersystem (K 1520-Bus), Entwicklungssystem oder Bürocomputer verwendet zu werden. Durch die Verwendung eines Kassettenlaufwerkes als Massenspeicher wird das allerdings stark eingeschränkt. Um die gegebene Hardware voll ausnutzen zu können und Kompatibilität zu CP/M zu erzielen, stand die Aufgabe, Floppy-Disk-Laufwerke anzuschließen und ein entsprechendes Betriebssystem zu installieren. Bedingungen dabei waren: geringer Aufwand und minimale Veränderungen des Rechners. Diese Aufgabe wird durch den Einsatz einer Floppydisk-Ansteuerleiterplatte auf der Basis des Schaltkreises U 8272 und der Nutzung des Betriebssystems CP/M 2.2+ gelöst. Um die notwendigen 64 KByte RAM zu erhalten, wird zusätzlich eine 16-KByte-DRAM-Speicherkarte verwendet. Die anzuschließenden Floppydisk-Laufwerke (maximal 4 Stück) werden beigestellt.
Durch die Umrüstung können Hochsprachen und Datenbanksysteme wie dBase, Turbo-Pascal, Forth und C verwendet werden. Der MC 80.3x kann weiterhin unter seinem Original-Betriebssystem arbeiten (durch den Start eines COM-Files). Die Original-Hardware (Kassettenmagnetband, EPROM-Programmer) ist erreichbar. Der Anschluß an einen P8000 als Remote-Terminal ist problemlos möglich. 5¹/₄"-Laufwerke (1.2, 1.4 oder 1.6) und 8"-Laufwerke (MF 3200, MF 6400, EC 5074) können wahlfrei oder gemischt angeschlossen werden.
Es stehen durchkontaktierte Leiterplatten und Dokumentationen für die Floppy-Disk-Ansteuerung zur Verfügung.

**Technische Hochschule Ilmenau, Sektion Gerätetechnik, PSF 327, Ilmenau, 6300; Tel. 7 40** *Mangold*

### TURBO-Assistent

Der TURBO-Assistent ist ein Programm, welches im Dialog mit dem Bediener selbständig Programme entwickelt. Er ist 52 KByte groß, belegt 4 Dateien und ist auf allen Turbo-Versionen ab 3.0 lauffähig. Seine Entwicklung basiert auf drei Aspekten.
① Aspekt für Einsteiger: Um Computer schnell einsetzen zu können, werden höhere Programmiersprachen, z. B. Turbo-Pascal, wegen der Programmierdauer verworfen. Aber nach gewisser Zeit können Programmerweiterungen nicht oder nur mit noch höherem Aufwand durchgeführt werden. Hier bietet der TURBO-Assistent die Möglichkeit, Soforterfolge, erweiterbare Programmodule und ordentliche Programmiersprache zu vereinen. Ein komplettes Programm zur Dateiarbeit kann in nur 10 min programmiert, übersetzt und im Fachbereich angewendet werden.
② Aspekt für Programmierer: Der Turbo-Pascal-Programmierer verwendet immer wieder die gleichen modifizierten Steuer- und Unterprogramme zur Bearbeitung neuer Probleme. Äußerst hilfreich ist dabei ein Programmgerüst, auf daß er das neue Programm aufbauen kann. Die vom TURBO-Assistenten erzeugten Quellprogramme sind zu 90 % dekkungsgleich. Der Programmierer greift immer wieder auf das gleiche Programmgerüst zurück.
③ Aspekt für Softwareabteilungen: Programme unterliegen der Programmpflege bzw. der Softwarewartung. Durch die breite Anwendung des TURBO-Assistenten haben alle Programme das gleiche, gut kommentierte Grundgerüst und gleiche Unterprogramme. Das erleichtert die Softwarewartung durch andere Programmierer erheblich.

**VEB Wärmegeräte und Armaturenwerk Berlin, ODV, Seelenbinderstraße 129, Berlin, 1170; Tel. 6 50 90** *Dähne*

### Datenauswertesystem UNIDAT

Eine erhebliche Einsparung von Programmierkapazität wird durch das universelle Datenauswertesystem UNIDAT erreicht. UNIDAT ist ein unter dem Betriebssystem DCP lauffähiges Programmpaket zur universellen Auswertung von REDABAS-Datenbanken; eine SCP-(8-Bit-)Variante in reduzierter Form liegt ebenfalls vor. Die drei Hauptbestandteile von UNIDAT sind:
1. Beliebige Verknüpfung von 2 unterschiedlichen Datenbankdateien zu einer Auswertedatei über 1 bis 3 Zuordnungskriterien
2. Auswerten einer beliebigen Datei über Drucklisten oder Zählberichte (Statistiken)
3. Druck von Karteikarten, Rechnungen und dergleichen aus dem Dateninhalt einer Datei.

Das gesamte Programmsystem arbeitet konsequent menügeführt und erfordert keine Kenntnisse der REDABAS-Programmierung.
Für das gesamte System existiert eine Kurzdokumentation.

**VEB Leuna-Werke „Walter Ulbricht", Direktion Kader und Bildung, Sektor Kadererfassung, Leuna, 4220; Tel. Merseburg 4 30** *Schüler*

### Unterstützung für REDABAS-4-Anwendung

Zur Verbesserung der Anwendung von REDABAS-4 entstanden in unserem Betrieb Module, die unter Steuerung des Interpreters oder als Module für den REDABAS-Compiler (REDACOM) abgearbeitet werden können. Folgende Funktionen werden zur Zeit realisiert:
*Fenstertechnik:* Beliebige Fenster des REDABAS-Bildschirmes können in den Hauptspeicher gerettet und an gleicher oder anderer Bildschirmstelle wieder hergestellt werden. Beliebige Fenster können über den Drucker ausgegeben werden.
*Kursorgröße:* Der Kursor kann stufenweise von unsichtbar bis zu maximaler Größe eingestellt werden.
Eine Weiterentwicklung der Module ist in Arbeit.

**VEB Datenverarbeitungszentrum Halle, Abteilung FP, Block 081, Halle-Neustadt, 4090** *Gruhl*

## 32. Zentrale Messe der Meister von morgen

Vom 6. bis 13. November 1989 fand in Leipzig die 32. ZMMM statt. Wir haben für Sie einige interessante Exponate ausgewählt.

Professionelle Anwendersoftware kann mit dem jetzt in neuer Version vorgestellten **Window-Development-System** (WDS) effektiv programmiert werden. Mit diesem in Gemeinschaftsarbeit von Softwarearbeitsgemeinschaften der Hochschule für Ökonomie und der Humboldt-Universität Berlin entwickelten *Werkzeugsystem* läßt sich anpassungsfähige Software programmieren, die jederzeit schnell und in hoher Qualität aktualisiert werden kann (siehe **Farbbild 1**; alle Farbbilder auf der 3. Umschlagseite). Im Dialog wird die Menüführung eines Softwareprodukts festgelegt und daraus abgeleitet generiert das System WDS automatisch den Quelltext für Turbo-Pascal ab Version 4.0 einschließlich des Aufrufs der einzelnen Prozeduren nach der entworfenen Menüfolge. Dem Softwareentwickler bleibt nur noch seine eigentliche Arbeit: das Programmieren bzw. das Einkopieren des Quelltextes der Prozeduren zur Eingabe, Berechnung, Anzeige oder zum Ausdruck der im Programm zu verarbeitenden Daten. Mehrere Units – so zur skalaren Eingabe, mit Routinen zur Plattenmanipulation und zur Verwaltung von Datum und Uhrzeit – werden ebenfalls angeboten, um dem Programmierer auch noch das Schreiben von Standardprozeduren abzunehmen. Neben den menüorientierten Programmstrukturen können aber auch die farbliche Gestaltung und ein leistungsfähiges Hilfssystem im Dialog programmiert werden.

Dazu dient insbesondere das **Help-Development-System.** Es wird dann automatisch der entsprechende Quelltext generiert, der zur Einbindung in das Softwareprodukt erforderlich ist. Dieser Turbo-Pascal-Quelltext erinnert bei seiner Aktivierung im Programm nicht nur vom äußeren Erscheinungsbild an die vom Turbo-Pascal-System selbst gegebene On-line-Hilfe, sondern auch die innere Struktur ist identisch, so daß der Nutzer von HDS auch die Hilfstexte des Turbo-Pascal-Systems selbst den persönlichen Wünschen anpassen kann, und auch die Ergänzung der Texte beispielsweise um eigene Units ist möglich (Bild 1). Aus derselben Zusammenarbeit von HfÖ und Humboldt-Universität rührt ebenfalls das **Maschinentagebuch** her, das neben der Verwaltung von mehreren Standard- und eigenen Projekten für 20 Nutzer auch einen Paßwortschutz und die Auswertung des Rechnereinsatzes sowohl nach Nutzern als auch nach Projekten bietet (Farbbild 2). Dieses Paket ist als Shareware (kostenlos) gegen Einsendung einer 5¼-Zoll-Diskette zu erhalten.

*(Klub der Wissenschaften im Magnushaus, AG Software, Am Kupfergraben 7, Berlin, 1080)*

*Der integrierte Schaltkreis* **U 80617** (Farbbild 3) wurde vom VEB Robotron-Elektronik Dresden gezeigt. Er gehört zum 32-Bit-Mikroprozessorsystem U 80700. Gemeinsam mit dem U 80614 und dem U 80619 wird er den Rolanet 2-Controller für den K 1820 von Robotron bilden. Dieser Controller entspricht der Ethernet- und der IEE 602.3-Spezifikation. Der U 80617 dient dem Anschluß dieses Controllers an den MPI-Bus (SKR). Er ist ein Register- und Zählerschaltkreis für die Steuerung des schnellen Datenaustausches mit direktem Zugriff auf den Hauptspeicher (DMA). Der in einer 1,5-$\mu$m-CMOS-Technologie gefertigte Schaltkreis besitzt TTL- und CMOS-kompatible Ein- und Ausgänge. Er befindet sich in einem 68poligen LCC-Keramikgehäuse (im Farbbild 3 unverkappt).

*(VEB Robotron-Elektronik Dresden)*

Eine wesentliche Voraussetzung für die routinemäßige Verarbeitung von SMD-Bauelementen unter den Bedingungen eines Elektroniklabors stellt das Vorhandensein eines geeigneten, stationären Arbeitsplatzes dar. Der **SMD-Handbestückungsplatz** unterstützt die Arbeitsgänge Bestücken, Löten, visuelle Kontrolle und Reparatur von gemischt bestückten Leiterplatten (Bild 2). Er umfaßt folgende Komponenten:

– verstellbare Halterung für Leiterplatten unterschiedlicher Größe mit verschiebbarer Handauflage
– Karussellmagazin für lose SMD-Bauelemente mit direktem Zugriff (im Bild links)
– verschiedene Saugpipetten mit zentraler Pumpe

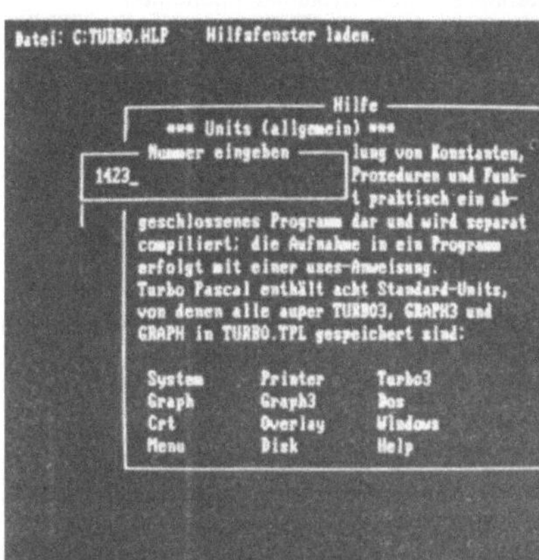

– Heißluftauslötvorrichtung mit Saugpipette
– Beleuchtungseinrichtung mit Großfeldlupe
– angepaßtes Werkzeug
– Lager für SMD-Bauelemente.

Die maximal mögliche Leiterplattengröße ist 130×190 mm²; der Arbeitsplatz hat die Abmessungen 1,35×0,7×1,7 m³.

*(Martin-Luther-Universität Halle, Sektion Physik, Dr. Rost/Balzerowski, Friedemann-Bach-Platz 6, Halle, 4010; Tel. 2 68 20)*

Die im Farbbild 4 dargestellte **Großfeldtastatur** ist eine Entwicklung der Sektion Rehabilitationspädagogik und Kommunikationswissenschaft der Humboldt-Universität. Sie ist eine Spezialtastatur und für den Gebrauch durch Körperbehinderte und andere Geschädigte im schulischen und außerschulischen sowie im privaten Bereich vorgesehen. Diese Tastatur kann mit einem Anschlußmodul an den KC 87 angeschlossen werden. Über diesen Anschlußmodul ist später auch die Kopplung an andere Computer (z. B. Bildungscomputer) möglich.

Zum Betreiben der Tastatur wird des weiteren noch ein spezieller Druckermodul, ein spezieller ROM-Erweiterungsmodul mit dem Textprogramm RETEXT, ein RAM-Erweiterungsmodul sowie ein spezieller Kodierstecker benötigt. RETEXT gestattet dem Nutzer, Schreibarbeiten und mathematische Aufgaben rationell zu erledigen. Die Buchstaben auf der Tastatur sind ergonomisch angeordnet, um die Fingerwege so gering wie möglich zu halten. Die Häufigkeit der Buchstaben, Buchstabenfolge, der Wörter und der Anfangsbuchstaben der deutschen Sprache bildeten die Grundlage für die Buchstabenanordnung. Es konnten dadurch die Fingerwege auf 55 % und die Schreibzeit auf 60 % gesenkt werden. Die halbkreisförmige Anordnung der Tasten ist ebenfalls ergonomisch (Grundlage dafür ist der antropometrische Abstand zwischen Ellenbogen und Fingerspitze); damit ergeben sich minimale Betätigungswege bei fester Auflage des Ellenbogens.

Der Tastentiefgang kann zur Anpassung an die individuellen Bedürfnisse des Nutzers in fünf Stufen eingestellt werden, und die Neigung der Tastatur zur Tischfläche ist von 0 bis 65 Grad stufenlos möglich. Eine kompakte und schwergewichtige Bauweise und Gummifüße garantieren eine rutschfeste und sichere Aufstellung. Hersteller ist der VEB Robotron-Elektronik Dresden.

*(Humboldt-Universität zu Berlin, Sektion Rehabilitationspädagogik und Kommunikationswissenschaft, Dr. Kurt/Golomb, Albrechtstraße 22, Berlin, 1040; Tel. 2 80 51 87)*

Bereits in unserem Heft 10/89 kündigten wir in unserem Bericht vom 13. Mikroelektronik-Bauelementesymposium (Mai 1989 in Frankfurt [Oder]) die Turbo-Karte für den EC 1834 – die **BK 600** – an. Erstmals in Funktion zu sehen war sie aber erst zur letzten ZMMM (siehe Farbbild 5). Hier noch einmal die wichtigsten technischen Daten: CPU U 80601-8, Buscontroller U 80606-8, Taktgenerator U 80612-8, Koprozessor U 80613 (im Bild der leere Steckplatz), 1 MByte RAM mit 256-KBit-RAM-Schaltkreisen U 61256 (150 ns), SRAM U 214/6514.

Die Karte, die in jedem EC 1834 verwendet werden kann, ermöglicht eine Taktrate von 8 MHz ohne Wartezyklen der CPU (0 Waitstates). Damit kann der EC 1834 auf die 3- bis 4fache Rechengeschwindigkeit beschleunigt werden (mit U 80613: 5- bis 8fach). Die lange Steckkarte besteht aus 4 Leiterzugebenen und wird im Schwierigkeitsgrad 6 gefertigt.

*(VEB Mikroelektronik „Karl-Marx" Erfurt, Forschungszentrum, Koll. Bankel, Rudolfstraße 47, Erfurt, 5010; Tel. 41 20 13, App. 79)*

Vom VEB Robotron-Elektronik Zella-Mehlis wurde das alphanumerische Terminal **K 8941** ausgestellt (Bild 3). Die Elektronik ist im Monitorgehäuse enthalten, beispielsweise ein U 884, ein Bildschirmcontroller und 30 KByte Nutzersoftware im ROM. Das Terminal ist kompatibel zum VT52, zum VT100 und zum VT200 und kann somit für den neuen 32-Bit-Rechner von Robotron K 1820 verwendet werden (dargestellt werden können 132 Zeichen pro Zeile).

*(VEB Robotron-Elektronik Zella-Mehlis, Straße der Antifa 63–66, Zella-Mehlis, 6060; Tel. 6 10)*

3

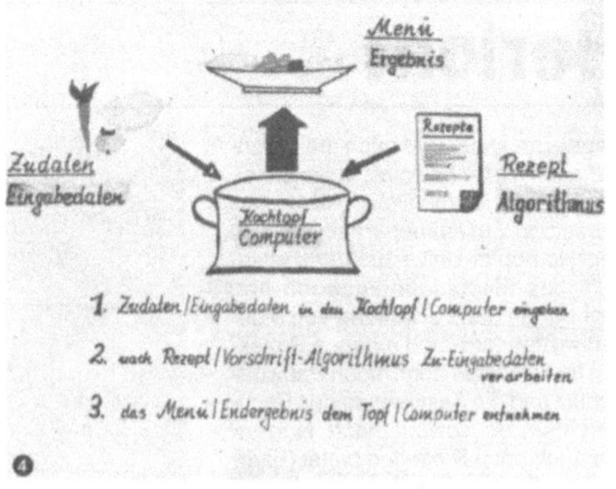


4

Die Pädagogische Hochschule „Karl Liebknecht" Potsdam informierte, wie Schüler der Unterstufe auf die Arbeit mit dem Computer vorbereitet werden. Das Bild 4 zeigt, wie den Kindern die wichtigsten Computerbegriffe erläutert werden, bevor sie sich das erste Mal an den Rechner setzen. Hinweis: Mit dem Begriff Menü ist hier das fertige Essen gemeint und nicht das in der Computerwelt übliche Bild für die Pogrammauswahl.

*(Pädagogische Hochschule „Karl Liebknecht" Potsdam, Institut für Lehrerbildung „Rosa Luxemburg", Koll. Müller, Friedrich-Ebert-Straße 4, Potsdam, 1560; Tel. 32 90)*

*Text und Fotos: H. Hemke, H.-J. Hill*

# SYSTEMS 89

Vom 16. bis 20. Oktober 1989 fand in München zum 11. Mal die High-Tech-Messe SYSTEMS statt. Auf einer Ausstellungsfläche von 111 000 $m^2$ waren rund 1500 Aussteller aus 27 Ländern vertreten. Damit avanciert die SYSTEMS zur zweitgrößten Computermesse in der BRD nach der CeBit in Hannover. Etwa 200 000 Besucher zählte die SYSTEMS 89, was insbesondere darauf zurückzuführen ist, daß neben der Präsentation neuer Produkte ein interessantes Kongreßprogramm stattfindet, das vor allem EDV-Profis anlockt. Neben den Schwerpunktthemen Telekommunikation und Softwarestrategien veranstaltete die Gesellschaft für Informatik ihren 3. Internationalen GI-Kongreß unter dem Titel „Wissensbasierte Systeme".
Für Besucher mit Interese an bestimmten Technologien standen verschiedene Fachseminare bereit, so u. a. zu den Themen Datenbank- und Expertensysteme, Electronic Publishing, LAN, Mensch-Maschine-Interaktion, CASE und Bürokommunikation. Im SYSTEMS-Studio wurden offene Diskussionsforen abgehalten, auf denen Fachleute aktuelle Themen aus der Welt der Informatik erörterten. Im Vordergrund stand dabei die fortschreitende Computerkriminalität.

*Allgemeine Trends*
Die SYSTEMS 89 zeigte deutlich, daß sich auf dem DV-Markt zur Zeit ein Strukturwandel vollzieht, der durch die fünf folgenden Markttrends charakterisiert wird:

1. Der traditionelle DV-Markt zeigt zunehmend Sättigungserscheinungen. Jedes Unternehmen in der BRD mit mehr als 100 Mitarbeitern hat mindestens einen Computer installiert. Auch das PC-Potential wird 1992 zu mehr als 60 Prozent ausgeschöpft sein. Aus den enger werdenden Märkten resultieren zwangsläufig Überkapazitäten, die einen wachsenden Preiswettbewerb verursachen. Verstärkt wird dieser Trend durch das Bemühen, über standardisierte Systeme – Stichwort Unix – in die Märkte von Konkurrenten einzudringen.
2. Die Abhängigkeit der Informatikindustrie von der allgemeinen Konjunkturlage nimmt zu. Der Anteil des Ersatzgeschäfts und des Erweiterungsgeschäfts wächst. Das Investitionspotential für die Rationalisierung sich wiederholender Arbeitsverläufe (z. B. Rechnungswesen, Textverarbeitung usw.) ist weitgehend ausgeschöpft, so daß nur noch in geringem Umfang mit antizyklischen Investitionen zu rechnen ist, die Kostensenkungen herbeiführen sollen. Der Einsatz der Informatik dient heute vorrangig der Fitneßsteigerung im Wettbewerb. Und so zeigt sich, daß vom Konjunkturaufschwung erfaßte Wirtschaftszweige, wie der Maschinenbau oder die Finanzdienstleistungsbranchen, im Moment zu den besten Kunden der Informatikindustrie zählen.
3. Eine Verlagerung in andere, zum Teil neue Wachstumsmärkte ist erkennbar. Dazu gehören auf der einen Seite der weitgefächerte Markt für Dienstleistungen, auf der anderen Seite die jungen Märkte für Elektronikausrüstungen verschiedener Investitions- und Konsumgüter wie Werkzeugmaschinen, Kraftfahrzeuge, Waschmaschinen.
4. Am Dienstleistungsmarkt entsteht neues Potential für den Aufbau einer umfassenden informationstechnischen Infrastruktur (Software, Beratung, Systemintegration). Infrastrukturdienste auf der Netzebene einschließlich der sogenannten Mehrwertdienste (Value-added Network Services) werden zunehmend gefragt. Unabhängig davon entwickeln sich neue Märkte für Konsumelektronik, Fahrzeugelektronik, Medizinelektronik und Industrieelektronik.
5. Neben diesen Langzeittrends gibt es auch Sonderkonjunkturen und florierende Teilmärkte, wie z. B. die Märkte für Standardsoftware, Werkzeuge für die Softwareentwicklung (Stichwort CASE), UNIX-Systeme und Workstations sowie Lokale Netze und Telefax-Geräte.

*Kaum noch Unterschiede zwischen PC und Workstation*
Leistungsmäßig gibt es kaum noch Unterschiede zwischen den beiden Rechnergenerationen Personal Computer und Workstation. Die Definition der beiden Geräteklassen besagte lange Zeit: Personal Computer basieren auf einem 80x86-Prozessor und sind als Single-User-Maschinen im Einsatz. Workstations hingegen hatten meist einen Mikroprozessor der Marke 680x0 als CPU und waren als Multi-User-Systeme im Einsatz. Während bei den PCs das Betriebssystem MS-DOS im Vordergrund stand, zeichneten sich die Workstations durch das Betriebssystem Unix aus. Lange Zeit wurden die PCs nur im kommerziellen Bereich, die Workstations im technisch-wissenschaftlichen Markt eingesetzt. Heute verschwimmen die Grenzen: Die Hardware selbst wird immer unbedeutender.
Seit der Ankündigung des neuesten Intel-Prozessors 80486 steht fest, daß die Personal Computer in Leistungsbereiche verstoßen, die lange Zeit nur den Workstations vorbehalten waren. Computer mit dem 80486-Prozessor bieten Leistungen von 15 bis 25 Millionen Instruktionen pro Sekunde (kurz MIPS genannt). Die gängigsten Workstations liegen heute im Bereich von 14 MIPS. Zur SYSTEMS wurden die ersten Rechner mit dem neuesten Prozessor gezeigt, so von NCR, IBM und Rein Elektronik. Auch bei den traditionellen Workstations ist mit einem Leistungsschub in Richtung 20 MIPS zu rechnen. Während die Hardware kaum noch den Unterschied zwischen den PCs und den Workstations ausdrückt, spielt die Software eine immer bedeutendere Rolle. Auf den neuen PCs sind sowohl MS-DOS- als auch Unix-Programme lauffähig. Zwar bieten die Geräte unter MS-DOS, das für nicht so leistungsfähige Anwendungen und Prozessoren ausgelegt ist, die Möglichkeit, auch „alte, gewohnte" Software zu benutzen, die maximale Leistung des Systems wird dabei jedoch nicht ausgenutzt. Auf Dauer wird sich in diesem Bereich mit OS/2 ein anderes Betriebssystem für die Einzelplatzrechner durchsetzen. Auf der SYSTEMS wurden auch die ersten Programme gezeigt, die die neue Benutzeroberfläche Presentation Manager voll unterstützen.
Workstations hingegen laufen schon immer unter Unix. Durch die Standardisierungsbemühungen verschiedener Gremien gibt es sowohl im technischen/wissenschaftlichen als auch im kommerziellen Markt heute genügend Software unter diesem Betriebssystem.
Wie die PCs sind auch die Workstations derzeit kurz vor einem Leistungssprung. Dieser wird durch die relativ neue Prozessortechnologie RISC (reduced instruction set computer) erzielt werden; gerade im technisch-wissenschaftlichen Sektor werden verstärkt RISC-Systeme angeboten. Das Betriebssystem Unix läuft ebenfalls auf diesen schnellen Systemen. Während der RISC-Markt bei Workstations, rein von den Umsätzen her betrachtet, im vergangenen Jahr gerade 10 Prozent ausmachte, zeigen die Ankündigungen der letzten Monate, daß das Angebot an RISC-Rechnern immer größer wird. Für RISC-Systeme gibt es bereits ein breitgefächertes Softwareangebot. Das Betriebssystem Unix wird verstärkt auch im kommerziellen Bürobereich Anwendung finden.
Mit dem 1987 von IBM vorgestellten Mikrokanal und den darauf basierenden PS/2-PC-Systemen gab es erstmals eine zur ISA (Industrie Standard Architektur) konkurrierende PC-Architektur. Auf der SYSTEMS 89 wurde von der Fa. Hewlett Packard der weltweit erste Rechner mit EISA-Architektur vorgestellt. EISA (Erweiterter Industrie Standard Architektur) als Konkurrenz gegenüber dem IBM-Mikrokanal hat gegenüber ISA folgende Vorteile:
– volle Rückwärtskompatibilität mit ISA-Systemkomponenten
– voller 32-Bit-Adreß- und 32-Bit-Datenbus
– automatische Konfiguration für Erweiterungssteckkarten
– verbesserte DMA-Funktionen (Direct Memory Access) mit Durchsatzraten bis zu 33 MByte/s
– Unterstützung intelligenter Peripheriegeräte durch die Möglichkeit, einen parallel zum Hauptprozessor arbeitenden Bus-Master mit eigenem Prozessor einzusetzen
– zusätzliche Funktionen, die die Entwicklung komplexer, intelligenter Peripheriegeräte ermöglichen.
So besitzt der von HP präsentierte Vectra 486 beispielsweise folgende technische Daten:
– Prozessor Intel 80486 mit 25 MHz Taktrate

***Siemens erweiterte zur SYSTEMS seine Produktpalette um zwei weitere 80386-Modelle. Der hier gezeigte PCD-3M ist insbesondere für Anwendungen mit grafischen Benutzeroberflächen – beispielsweise MS-Windows – gedacht. Als Einstieg in die Welt der 386er wird zu einem geringeren Preis, der PCD-3M sx angeboten.***

***Der zur CeBIT 89 angekündigte PC 50-II mit dem Prozessor 80386 SX wurde von Commodore erstmals zur SYSTEMS vorgeführt. Er verkörpert nach den Worten von Peter Kaiser, neuer Geschäftsführer der Commodore Büromaschinen GmbH, die konsequente Produktorientierung von Commodore. Der PC 50-II wird in drei Versionen angeboten und kann je nach Ausstattung Aufgaben als Workstation, Arbeitsplatzrechner oder Fileserver übernehmen.***

– 8 EISA-Steckplätze wahlweise für 8-, 16- oder 32-Bit-Zusatzplatinen
– 1 parallele, 2 serielle Schnittstellen
– Tastatur- und Mausanschluß
– 2 MByte RAM, aufrüstbar bis 64 MByte
– Shadow-RAM für BIOS-Code
– 64 KByte ROM
– Festplattenkapazität ausbaufähig bis 670 MByte
– Diskettenlaufwerk 5,25"; 1,2 MByte
– 120 MByte Tape-Back-up
– Monitore von MDA bis VGA sowie HP Intelligent Graphics.

Als Betriebssysteme sind einsetzbar: MS-DOS 4,01, Windows/286 oder / 386, OS/2, SCO UNIX /386 V 3.2 und VP/ix 1.2.

Dieser Hochleistungsrechner eignet sich vor allem für anspruchsvolle CAD-Anwendungen mit hochauflösender Grafik und als Fileserver.

Zur Zeit werden EISA-Rechner von acht großen Computerherstellern unterstützt und weiterentwickelt: AST Research INC., COMPAQ Computer Corporation, EPSON America Inc., HEWLETT-PACKARD Company, NEC Information Systems Inc., OLIVETTI, TANDY, WYSE Technology und ZENITH Data Systems Corporation.

Nach den auf der SYSTEMS gemachten Vorankündigungen stehen z. B. von OLIVETTI und COMPAQ entwickelte EISA-Rechner kurz vor ihrer Präsentation. Damit ist eine neue Entwicklungsstufe im PC-Bereich erreicht.

Eine Weltpremiere gab es auch von Toshiba. Der Laptop-Marktführer stellte den ersten serienreifen 14-Zoll-Farb-LCD-Schirm vor. Dieser ist in zwei Modi betreibbar: 720 × 550 Pixels bei 16 Farben und 1440 × 1100 Pixels im Schwarz/Weiß-Modus.

Parallel dazu zeigte SHARP ebenfalls einen Laptop mit 14-Zoll-Farb-LCD, den PC-8041. Der auf einem 80386 basierende tragbare Computer arbeitet mit einer Taktfrequenz von 20 MHz und bietet volle VGA-Emulation. Das Gewicht beträgt weniger als 10 kg.

*Neue Speichertechnologien ändern die DV-Welt*

Ob bei Großrechnern, Workstations oder Personal Computern: Immer mehr DV-Hersteller bieten optische Platten zur Datenhaltung an. Mit ihrer riesigen Speicherkapazität auf kleinstem Raum verändern die „Optical disks" nachhaltig die gesamte DV-Landschaft. Aller Anfangseuphorie zum Trotz taten sich die optischen Speichermedien bisher recht schwer im DV-Markt. Das wird sich in den nächsten Jahren jedoch grundlegend ändern. Zum einen ist die Technik nun ausgereift, zum anderen einigten sich die Hersteller auf gemeinsame Standards. Den Durchbruch der optischen Speichermedien auf breiter Front erwarten Marktbeobachter daher für die nächsten Jahre. So soll sich der Verkauf der CD-ROM-Platten nach einer Prognose von Link Ressources in Europa allein im Zeitraum 1988 bis 1992 von 25 000 auf 280 000 Stück mehr als verzehnfachen. Die CD-ROM entspricht in ihren Abmaßen der Audio-CD (5,25-Zoll-Laufwerk, 120 mm Plattendurchmesser) und ist wie diese nur lesbar und nicht wiederbeschreibbar (Compact Disk – Read Only Memory). Als Datenträger bietet sie immense Vorteile: Eine einzelne Platte faßt bis zu 650 MByte – eine Floppy dagegen nur maximal 1,44 MByte. Sie ist unempfindlich gegen Staub und Headcrashs (also stoßunempfindlich) und speichert neben den üblichen DV-Daten auch Zeichnungen, Bilder, Musik und Sprache. Die glänzenden Platten werden heute überwiegend als Informationsträger für Nachschlagewerke und umfangreiche Kataloge (vom Telefonbuch bis hin zu Patentschriften und Medikamentenverzeichnissen) eingesetzt. Über 800 CD-ROM-Anwendungen wurden 1988 bereits weltweit gezählt. CD-ROM-Laufwerke für Personal Computer kosten derzeit noch zwischen 1 000 und 2 000 DM.

Bereits im Einsatz ist heute ebenfalls die mit Anwenderdaten einmal beschreibbare und immer wieder lesbare optische Platte, die sogenannte WORM (Write Once Read Many). Diese Platten eignen sich vor allem zur Datensicherung und Archivierung von großen Datenmengen. Gegenüber den bisher benutzten Medien wie Band und Kassette besitzen sie eine vielfach höhere Speicherfähigkeit. Verwaltet in „Juke Boxes" lassen sich Kapazitäten bis zu 300 GByte und mehr erreichen. Das entspricht etwa sechs Millionen A4-Seiten. WORM-Platten lösen in vielen Fällen auch den Mikrofilm als Archivmedium ab.

Weitgehend gelöst sind heute auch die technischen Probleme bei mehrfach beschreibbaren optischen Disks. Auf der SYSTEMS 89 zeigten verschiedene Hersteller entsprechende Produkte im 5,25-Zoll-Format.

*PC-Netze bilden das Rückgrat der Unternehmenskommunikation*

Wie die SYSTEMS zeigte, hat sich in der Praxis ein dreistufiges Konzept der Unternehmenskommunikation durchgesetzt. Dabei arbeiten auf der untersten Ebene Personal Computer, die untereinander und mit den beiden

***RegsX 8/32 ist ein Multiprozessorsystem von EGS für Unix-Anwendungen. Es können bis zu 8 masterslavefähige 32-Bit-Prozessorkarten auf Basis des Motorola 68020/68030 mit einer Gesamtleistung von 40 MIPS installiert werden. Durch die Integration eines LAN-Schnittstellen-Konzentrators für 8 Terminals eignet sich das RegsX 8/32 besonders als Fileserver in Unix-Netzen.***

„übergeordneten" Stufen – den Minicomputern auf der Abteilungsebene und den Großrechnern – vernetzt sein können. Für lokale Netze haben sich Standards wie die Bus-Netz-Topologien von Token Bus und Ethernet sowie die Ring-Topologie des Token Ring-Standards durchgesetzt, wobei Token-Verfahren gerade bei hohen Anforderungen und hohen Datenraten vorgezogen werden. Neben dem OSI-Referenzmodell entsprechenden Normen haben sich dabei zum Teil auch De-facto-Standards wie etwa TCP/IP als Kommunikationsschnittstelle durchgesetzt. Sollen mehrere Netze miteinander verbunden werden, so kommen sogenannte Router, Bridges und/oder Gateways zum Einsatz, die – falls erforderlich – die in der Regel darüber liegenden (OSI-)Kommunikationsprotokolle umsetzen können. Die Funktionalität dieser Kopplungskomponenten ist mit bestimmten Netzverwaltungsaufgaben verbunden. Server sowie Programme zur Netzüberwachung und -steuerung sowie Anwendungssoftware für Multiuser- und Multitasking-Umgebungen machen aus den einzelnen Elementen eine integrierte PC-Netz-Anwendung.

Der Informationsbedarf der Anwender in Sachen „lokale Netzwerke" steigt mit dem Grad der Durchdringung aller Unternehmensbereiche mit Computertechnik und deren Komplexität. Die SYSTEMS 89 gab einen Überblick über das gesamte Spektrum der betrieblichen Kommunikation. Standards und Normen der Kommunikationsstrukturen sowie alle Produkte, die diesen Normen entsprechen, wurden ebenso gezeigt wie beispielhafte Lösungen für eine große Anwendungspalette. Verkabelungsstrategien können die Kommunikationsinfrastruktur häufig nachhaltig beeinflussen und waren daher neben einer umfassenden Darstellung hybrider Netze für die Sprach- und Datenkommunikation Gegenstand eines Fachseminars im Kongreßteil der SYSTEMS.

*Einheitliche Benutzeroberflächen setzen sich durch*

Wie die SYSTEMS zeigte, sind grafische Benutzeroberflächen stark im Kommen. Die derzeit populärste Oberfläche stammt von dem Massachusetts Institut of Technology, MIT, das X.11 bzw. X.Windows zusammen mit einer großen Zahl von Computerherstellern entwickelte. Der Vorteil einer einheitlichen Benutzeroberfläche ist für den Anwender sehr erheblich. Wer viele unterschiedliche Programme auf seinem Rechner nutzt, kennt das Problem: Jede Software verlangt andere Eingaben, und die Funktionstasten haben andere Bedeutungen, Hilfestellungen werden mit verschiedenen Befehlen angefordert. Mit einer Standardoberfläche erscheinen alle Programme einheitlich. Heute wird X/Windows von einer großen Anzahl von Softwareanbietern unterstützt. Selbst der Macintosh kann mit X/Windows arbeiten. X/Windows läuft derzeit auf PCs, Workstations und auch auf Minicomputern. Der Umstieg von einer Hardware auf eine andere Plattform bedeutet für den Anwender, daß er eine ihm bekannte Oberfläche auf allen Systemen vorfindet. Die Einarbeitungszeit in unterschiedlichen Programme wird dadurch erheblich verkürzt – die Akzeptanz für neue Produkte erhöht. Die berühmte Fenstertechnik kostet allerdings eine Menge Hauptspeicher. Und der ist derzeit recht teuer. Auch ist die Anzahl der heute verfügbaren Programme unter X/Windows noch recht mager. Zwei Varianten von X/Windows haben auf der SYSTEMS 89 in München Furore gemacht: Open Look und OSF/Motif. Bei Open Look handelt es sich um eine Benutzeroberfläche, die aus dem Hause AT & T stammt und derzeit auf Unix-Rechnern läuft. Auch OSF/Motif läuft unter Unix; im Januar wurde dieses leistungsstarke User-Interface der Öffentlichkeit erstmalig vorgestellt, und auf der SYSTEMS 89 konnten die ersten Software-Pakete unter OSF/Motif in Augenschein genommen werden. Während in den Unix-Gremien, die sich um eine Standardisierung dieses Betriebssystems bemühen, derzeit heftigst über Open Look und Motif diskutiert wird, scheinen die Softwarehäuser zur Zeit Motif zu favorisieren. Letztendlich wird sich nur das Unser-Interface durchsetzen, auf das die Softwarehäuser und Hardwarehersteller setzen.

*Computer Aided Software Engineering – ein Werkzeug zum Abbau des „Anwendungsstaus"*

Der Begriff „Anwendungsstau" ist mindestens ebenso verbreitet wie der Begriff CASE – nur daß dort, wo CASE (computer aided software engineering) professionell praktiziert wird, der Anwendungsstau erheblich kleiner als anderwärts ist, ja manchmal überhaupt nicht in Erscheinung tritt. Die Erkenntnis, daß CASE trotzdem kein simples Allheilmittel darstellt, sondern unbedingt problem- und situationsgerecht ausgewählt werden muß, setzt sich in der Fachwelt inzwischen immer stärker durch. Einen aktuellen Überblick über die neuesten Entwicklungen im CASE-Sektor konnte man auf der SYSTEMS erhalten. So konnte sich der Fachbesucher beispielsweise darüber informieren, ob und wie das jeweilige Werkzeug ihn bereits vor der Erstellung des Quellencodes unterstützt, wie viele Phasen des Software-Entwicklungsprozesses es abdeckt, und ob es in einer deutschsprachigen Version angeboten wird. Man konnte Front-End-, Back-End- und projektbegleitende CASE-Werkzeuge und auch solche Tools kennenlernen, die zur Sanierung von Alt-Software herangezogen werden können. Es wurden Systeme gezeigt, die als Data-Dictionary fungieren und das Problem der Software-Dokumentation elegant und einfach lösen. Die methodischen Hintergründe wurden erläutert, auf denen die jeweiligen Tools aufsetzen. Denn die Kenntnis der von den einzelnen Werkzeugen unterstützten Methoden ist eine wichtige Voraussetzung dafür, daß der Anwender die Produktivität seiner Software-Entwicklung gezielt steigern kann.

Die SYSTEMS 89 bot dem Anwender aber auch die Möglichkeit zu ermitteln, welche externen Beratungsunternehmen ihm im schwer überschaubaren CASE-Umfeld welche Hilfestellung leisten können. Derartige Beratungsleistungen umfassen in der Regel eine Situationsanalyse, der sich eine Einführungsstrategie und ein Trainingskonzept anschließen. Sodann konzentrieren Berater und Anwender sich auf das Vorgehensmodell und das Methodensystem, auf die Auswahl und den Einsatz der Tools sowie auf die technische CASE-Implementierung. Meist übernimmt der Berater auch Aufgaben der Projektbegleitung und der Mitarbeiterschulung. Auf der SYSTEMS konnte sich der DV-Anwender davon überzeugen, daß CASE bereits zu einem Instrumentarium für

***Für das wachstumsträchtige Marktsegment der gewerblichen Anwender bei Klein- und mittelständischen Unternehmen bietet Schneider neben dem Tower AT jetzt die neuen Produkte VGA AT System 40 (42-MByte-Festplatte) und VGA AT System 70 (68-MByte-Festplatte) an. Gemeinsam ist ihnen der VGA-Videoadapter, der kompatibel zu den Standards VGA, EGA, CGA, MDA und Hercules ist und eine Grafikauflösung von bis zu 1024 × 768 Punkten erreicht.***

***Der bekannte Tastatur- und Schalterhersteller Cherry zeigte eine IBM-MF-kompatible Tastatur, die als Besonderheit mit einem Magnetkarten-Durchzugsleser ausgestattet wurde. Für den Betrieb ist keine zusätzliche Software erforderlich; die Leseeinheit arbeitet über die Tastaturschnittstelle und blockiert somit keine weitere Schnittstelle.***

die Software-Entwicklung einschließlich Rapid Prototyping herangereift ist, das heißt, daß die Durchgängigkeit der Entwicklungsarbeiten und ihrer Resultate von der Planung eines Softwareprojekts bis hin zur Inbetriebnahme und Wartung mittlerweile erreicht wurde.

*Software und Service gewinnen gegenüber der Hardware immer stärker an Gewicht*

Für Unternehmen und Institutionen spielt die Verfügbarkeit geeigneter Software eine immer größere Rolle. Dies gilt ebenso für Einzelpersonen, die beruflich (auch etwa zu Ausbildungszwecken) auf qualitativ hochwertige Software angewiesen sind. Die SYSTEMS 89 informierte umfassend über die Möglichkeiten des Erwerbs oder der Entwicklung solcher Software und vermittelte in zahlreichen Symposien, Seminaren und Kongressen Einblick in die Leistungsbreite wie auch in die Problematik moderner Software.

Aus der Fülle der angebotenen Software, seien es Neuentwicklungen oder Erweiterungen bewährter Software, ist es unmöglich, an dieser Stelle auf einzelne Programme näher einzugehen. Besondere Erwähnung verdient allerdings der Markt der Unix- und Unix-nahen Systeme. Experten prognostizieren für ihn in den nächsten Jahren gewaltige Zuwachsraten. Aktuelle Neuentwicklungen bestätigen die Dynamik dieses Vorgangs: So nimmt die Zahl der Computersysteme, auf denen Datenbankmanagementsysteme unter Unix lauffähig sind, sprunghaft zu. Immer mehr Datenverbindungen zwischen Unix und anderen Softwaresystemen (MS-DOS, VMS, Datex-P usw.) werden geschaffen. Die Vielfalt der Standardanwendungen unter Unix wächst ständig – bis hin zu Realtime-Applikationen, die unter Unix entwickelt werden.

*DV-Normen: Impulse für die Datenverarbeitung*

Die SYSTEMS 89 gab einen aktuellen Überblick über den Stand der Normierung in verschiedenen Teilbereichen der Informations- und Kommunikationstechnik und das Angebot an entsprechenden Produkten. Die DV-Landschaft wird übersichtlicher. Nach Jahrzehnten des Produktwirrwarrs und der Inkompatibilität stehen Standards beim Anwender ganz oben auf der Wunschliste. Vorreiter dieser Entwicklung hin zu einer einheitlichen elektronischen Sprache sind die Behörden. So wurde in der EG im Februar 1988 beschlossen, bei öffentlichen Aufträgen auf dem Gebiet der Informationstechnik nur noch Produkte einzusetzen, die auf internationalen oder europäischen Normen oder Vornormen basieren. Bereits heute kann der Anwender auf eine Vielzahl von Normen mit entsprechenden Produkten zurückgreifen. Auf der Betriebssystemebene etabliert sich zusehends Unix als der Standard, wobei sich die X/Open-Vereinigung um eine Vereinheitlichung der verschiedenen Ansätze bemüht. Es gibt heute kaum mehr einen Computerhersteller, der keinen Unix-Rechner im Programm führt. Auf der Kommunikationsseite ist mit OSI (Open Systems Interconnection) ein offenes Netzwerk bereits als Norm verabschiedet, das eine Kommunikation zwischen Rechnern der verschiedensten Hardwarehersteller erlaubt. Bereits im Dienst sind OSI-Anwendungen wie X.400 für die elektronische Post. Kurz vor der allgemeinen Einführung stehen Produkte für den standardisierten Austausch von Geschäftsdaten mit EDIFACT (Electronic Data Interchange for Administration, Commerce and Transport) und dem Austausch von Bürodokumenten nach ODA (Office Document Architecture). Interessant für DV-Anwendungen ist auch das künftige integrierte digitale Netz der Deutschen Bundespost (ISDN).

Standards bieten für die Kunden eine Reihe von Vorteilen: Reduzierung der Hersteller-Abhängigkeit, bessere Vergleichbarkeit der Angebote, Senkung der Preise mit zunehmendem Wettbewerb, höhere Investitionssicherheit; nicht zu vergessen auch die Senkung der Wartungs- und Schulungskosten.

Für die Hersteller bieten die Standards die Möglichkeit, neue Kundenkreise und Anwendungen zu erschließen. In der Regel ist der Umstieg auf Standards mit Neu-Investitionen verbunden, wodurch der DV-Markt neue Impulse erhält. *H. Benicke*

## Erste europäische Amiga-Computermesse

Für die Amiga-Freunde in Europa gibt es jetzt eine eigene Computermesse. Nach dreitägiger Dauer ging Mitte November in Köln die erste europäische Amiga-Messe zu Ende; die nächste, Amiga '90, wurde bereits für den 8. bis 11. November 1990 angekündigt, mit dann voraussichtlich rund einhundert Ausstellern und etwa verdoppelter Ausstellungsfläche. In diesem Jahr zählte der Veranstalter, die amerikanische Organisation AmiEXPO, über 35 000 zahlende Besucher. 77 Aussteller aus 6 Ländern, darunter 17 USA-Aussteller, nutzten die Europa-Premiere, um Entwickler, Anwender, Groß- und Einzelhändler zu treffen.

Commodore als Hersteller des Amiga und Schirmherr der Messe sieht sich damit in der Auffassung bestätigt, daß aus dem Kreis der Amiga-Fans mehr und mehr Problemlösungen auf Basis dieser Produktfamilie entwickelt werden. Parallel dazu will Commodore mit der Einführung der 2500er-Reihe die Weichen für eine weitere Expansion im professionellen Markt stellen. *MP*

## TERMINE

**Kommunikationskongreß KoKon '90**

**WER?** KommIntern – die KommunikationsInternationale
**WANN?** 24. und 25. Februar 1990
**WO?** Berliner Haus der Jungen Talente
**WAS?** Unter dem Motto der Bürgerdiplomatie geht es um Themen wie kreative Techniknutzung, Datenschutz als Menschenschutz, um Informationsökologie, die Macht der Medien im globalen Dorf, das Verfassungslos, den Freedom of Information Act, das Recht zum Kopieren, um Datenreisefreiheit, Viren und andere Getüme.
**WIE?** Teilnahmemeldungen an HdJT-Computerclub, Stefan Seeboldt, Klosterstraße 68 bis 70, Berlin, 1020; Tel. 2 10 32 65 *Seeboldt*

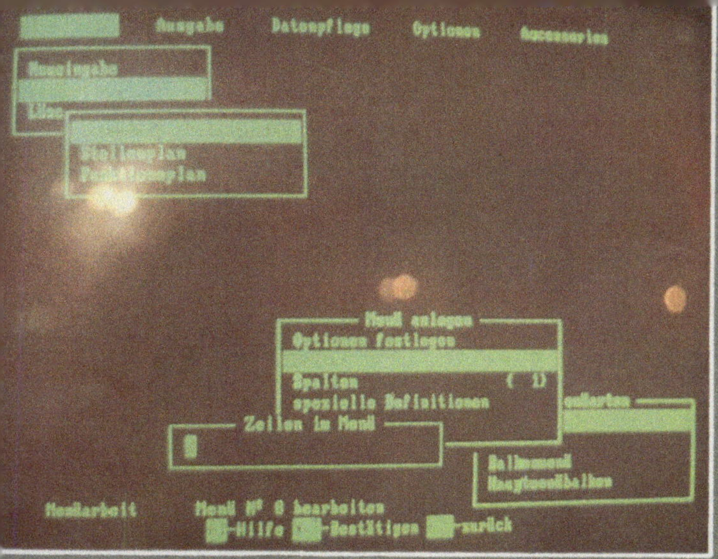


Wer nicht Zeit noch Lust hat, sich tagelang mit dem Entwurf von Menü-
rukturen und deren Farbgestaltung zu befassen, kann das leistungsfä-
ige Window-Development-System nutzen.

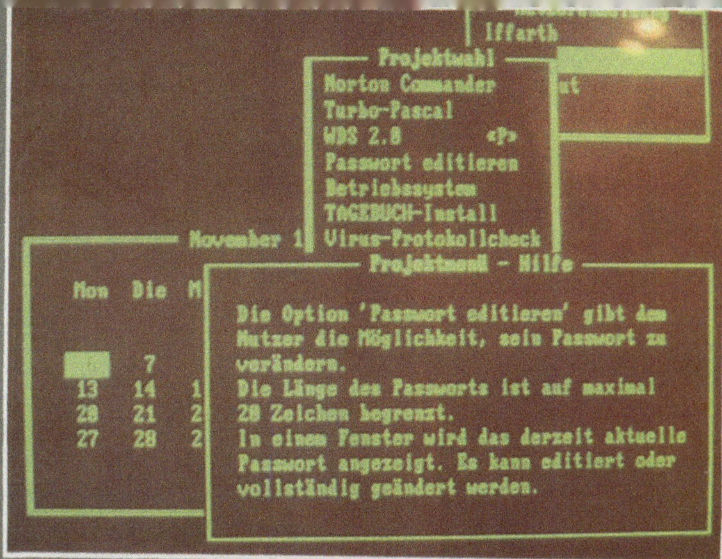


② Mit einer komfortablen Nutzerführung wurde das I&T Maschinentagebuch für einen derzeit noch typischen DDR-Betrieb entwickelt. Neben einem gedruckten Bericht über die kalendertägliche Auslastung des PCs für Ihren Chef übernimmt das System auch den passiven Virenschutz.

Der U 80617 ist ein Busanpassungsschaltkreis für den Ethernetcontrol-
des 32-Bit-Rechners K 1820 von Robotron.

## Bilder von der 32. ZMMM

④ Mit der Großfeldtastatur für Körperbehinderte wird das Anwendungsspektrum von Kleincomputern vergrößert. Die Buchstabenanordnung ermöglicht eine Senkung der Zahl der Fingerwege auf 55 Prozent und der Schreibzeit auf 60 Prozent.

Mit der Turbo-Karte BK 600 wird der EC 1834 bei einer Taktfrequenz von 8 MHz auf das 3- bis 4fache und mit dem Koprozessor U 80613 sogar auf das bis 8fache beschleunigt.

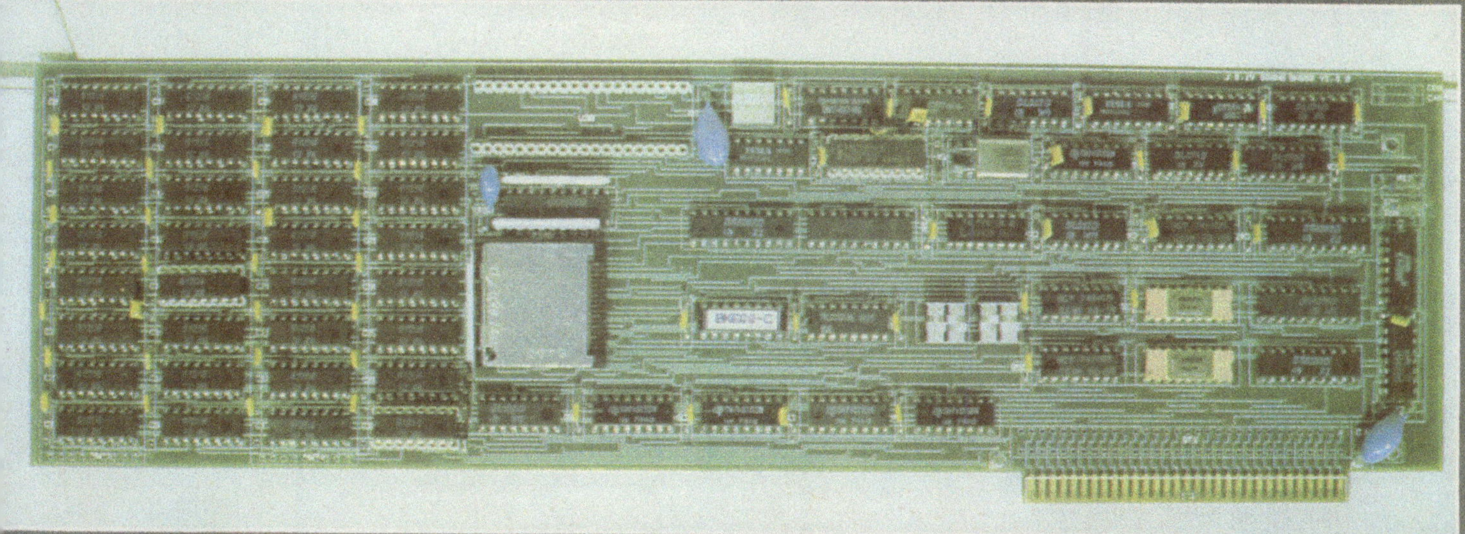

ISSN 0232-2892
Mikroprozessortechnik, Berlin 4 (1990) 2
S. 33–64

# Neuheiten auf der SYSTEMS 89

Lesen Sie dazu auch unseren Bericht in diesem Heft.

1

① *Mit dem Flaggschiff ihrer 32-Bit-PCs sieht sich MITAC „an der Spitze d schnellsten Rechner der Welt". Der mit 33 MHz getaktete und ohne War zyklen arbeitende Prozessor Intel 80386 verleiht dem MPC 4000G eine Le stung von 8,3 MIPS (Millionen Instruktionen je Sekunde). Damit ist der f für anspruchsvolle CAD-Aufgaben oder als LAN-Server besonders gee net.*

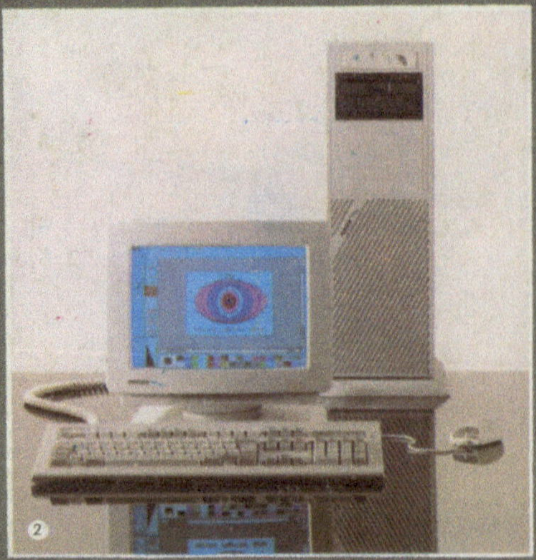

②

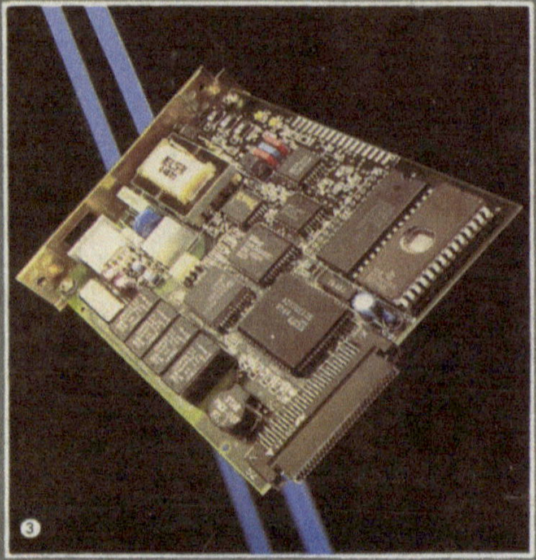

③

④

⑤

② *Das Towermodell AT 80386-33 von PEACOCK ist ein weiterer Vertre der mit 33 MHz getakteten 32-Bitter. Eine voll aufgerüstete Variante r 8 MByte RAM, 64 KByte Cache und 380 MByte Festplattenkapazität eign sich besonders für den Einsatz als LAN-Server.*

③ *Toshiba stellte zur SYSTEMS das Einschubmodem Microlink 2400 seine Laptop-Modelle ab dem T 1200 vor. Es eignet sich für Datenfernüb tragung nach CCITT-Norm, einschließlich Telefax. Das Microlink 2400 beitet nach dem erweiterten „Hayes AT-Standard", der sich als de-fac Standard bei Wählmodems durchgesetzt hat.*

④ *Eine besondere LAN-Workstation kommt von ADCOMP. Die Netc 1600 im Miniformat integriert CPU, Disk-I/O, serielle und parallele Schn stellen, Grafik-Controller und LAN-Interface-Karte auf einem einzig Board im CMOS-Design. Die Netcom 1600 kann sowohl in Arcnet- als au in Ethernet-Netzen zum Einsatz kommen.*

⑤ *Eine neue Generation von ergonomischen Farbmonitoren stellte TAN BERG DATA mit der 5000er Serie vor. Der 5320 ist ein VGA-kompatibler M nitor mit einer Auflösung von 800 × 600 Pixeln. Er ist anschließbar an a IBM PC/AT/PS/2-kompatiblen PCs.*

Bei Fragen zur Produktsicherheit wenden Sie sich bitte an:
If you have any questions regarding product safety,
please contact:

Walter de Gruyter GmbH
Genthiner Straße 13
10785 Berlin
productsafety@degruyterbrill.com